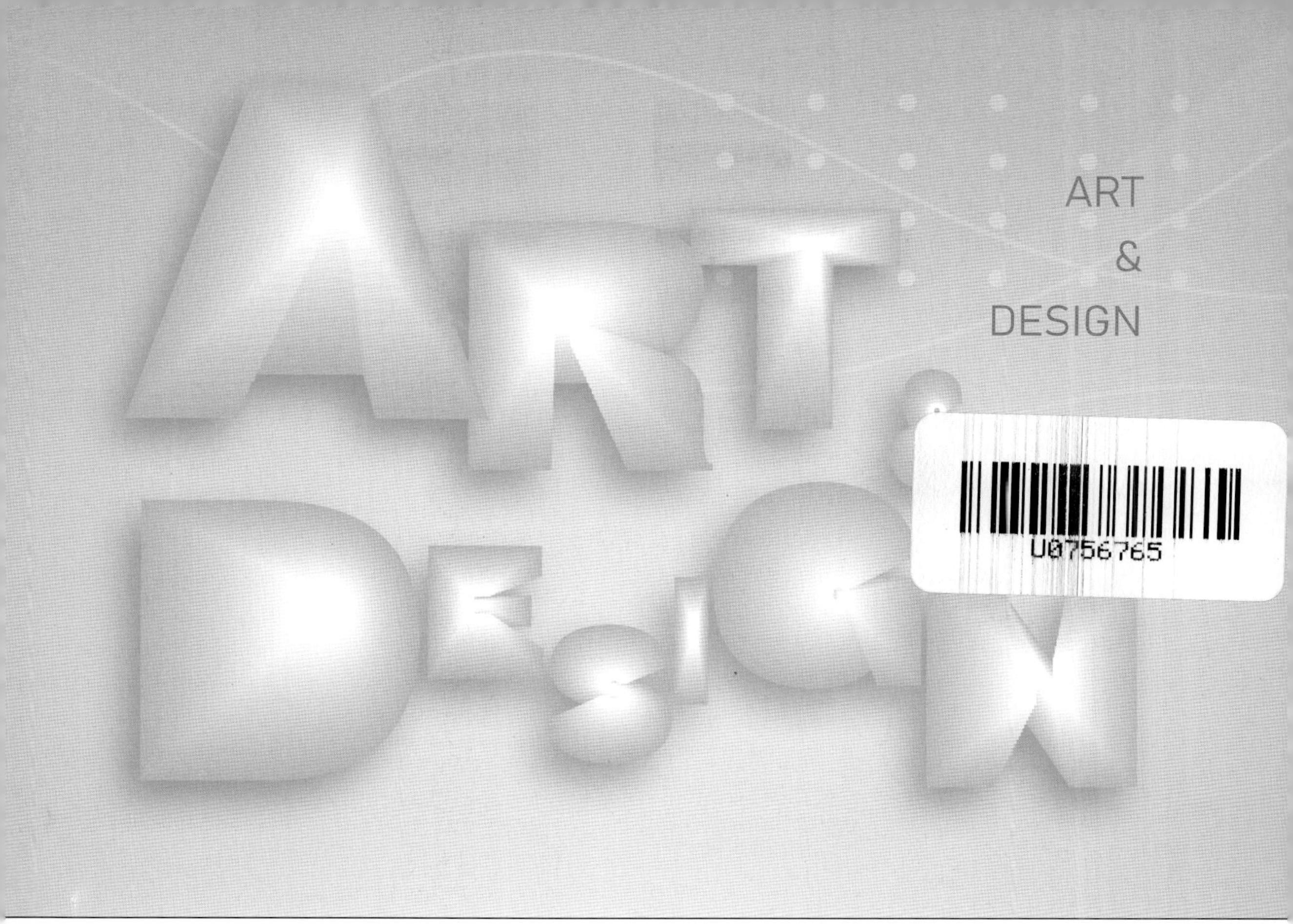

设计学类国家一流本科专业建设系列教材

景观设计原理与方法

主　编　刘丰果　朱柳颖　王晓辉　郭以德

武汉大学出版社

图书在版编目(CIP)数据

景观设计原理与方法 / 刘丰果等主编. -- 武汉：武汉大学出版社，2025.8. -- 设计学类国家一流本科专业建设系列教材. -- ISBN 978-7-307-25095-6

Ⅰ. TU983

中国国家版本馆 CIP 数据核字第 2025E6Q295 号

责任编辑：何青霞　　　责任校对：鄢春梅　　　整体设计：韩闻锦

出版发行：**武汉大学出版社**　（430072　武昌　珞珈山）

（电子邮箱：cbs22@whu.edu.cn　网址：www.wdp.com.cn）

印刷：武汉中远印务有限公司

开本：787×1092　1/16　　印张：9.75　　字数：206 千字　　插页：1

版次：2025 年 8 月第 1 版　　　2025 年 8 月第 1 次印刷

ISBN 978-7-307-25095-6　　　定价：49.00 元

版权所有，不得翻印；凡购买我社的图书，如有质量问题，请与当地图书销售部门联系调换。

前　言

　　景观设计以设计艺术学为基础，并涉及地理学、建筑学、城市规划、城市设计、社会学、文化学、民族学、史学、考古学、宗教学以及心理学等众多学科领域。可以说，它是科学与艺术的结晶，融合了工程和艺术、自然与人文科学的精髓。景观设计已成为衡量一个城市、一个地区乃至一个国家经济文化竞争力强弱的标志之一。

　　为适应社会发展的需要，近年来设计教育在我国得到迅速发展，景观设计作为环境艺术设计专业及其他相关专业的主干课程之一，是我国景观建设事业的重要组成部分。我们在多年的教学过程中发现，现有关于景观设计的零散理论和书籍未能从总体上全面地对景观设计的理论与方法作系统而深入的介绍，真正将理论与工程设计实践相结合的景观设计类教材更少之又少。因此，编写一本既有理论深度又实用的景观设计教材是非常有必要的。我们编写这本教材，目的是对学生的设计有理论上的指导，以及程序、方法、技巧、目标上的引导，教会学生景观设计是关于什么、要做什么、做的原则及方法是什么、其成果有哪些等。本教材编者利用开会、学习、探亲等各种机会在全国各地做了大量的实地考察，收集大量的图文资料，结合多年的教学实践、科研项目和设计实践项目的经验，花了两年多时间编写本教材，多次进行修改完善。

　　本书共九章，依次为：绪论、景观的分类与构成要素、景观生态学原理、景观环境行为原理、景观空间设计原理、景观设计的程序与表达、水体景观设计、植物景观设计、景观建筑与小品的规划设计。本教材图文并茂，形象直观，有利于丰富读者的理论知识，培养读者的设计思维能力。

　　本书可作为环境设计专业高等学校设计课教学和高等职业教育相关专业艺术设计理论教材和实践教材，同时也可作为环境设计行业的专职人员专业设计的参考资料。

　　书中引用了许多前辈大师的思想结晶和研究成果，在此表示衷心的感谢和深深的敬意。由于种种原因，书中部分图片未能与作者一一联系，在此一并表示衷心的感谢，欢迎原作者与本人联系。

　　书中选用的图片来源：作者开会、考察、学习、探亲过程中所拍摄的照片；从事设计工作的项目资料；授课过程中学生作业和临摹的相关图片；引自有关书籍和文章，相关书籍和文章列于书后的参考文献中；还有一部分为朋友襄赞。

景观设计是一个系统庞大、内容繁杂、涉及面十分广泛的综合性学科。尽管笔者作出了很大的努力，但由于水平有限，时间仓促，书中难免存在错漏之处，真诚希望有关专家学者和广大读者给予批评指正，谢谢！

编 者

2025 年 3 月

目 录

第一章 绪论 ··· 001
    第一节 基本概念 ··· 001
    第二节 景观设计与相关学科的关系 ······································ 004
    第三节 中外园林景观设计概述 ·· 005
    第四节 现代景观设计的产生与发展 ····································· 012
    第五节 现代景观设计的理论基础 ······································· 014

第二章 景观的分类与构成要素 ·· 017
    第一节 景观的分类 ··· 017
    第二节 景观的构成要素 ··· 018

第三章 景观生态学原理 ··· 033
    第一节 景观生态学的相关理论 ··· 033
    第二节 景观生态设计理论与实践 ······································ 035

第四章 景观环境行为原理 ·· 046
    第一节 环境行为学概述 ··· 046
    第二节 格式塔知觉理论与环境行为 ···································· 047
    第三节 环境认知 ··· 052
    第四节 空间行为 ··· 057

第五章 景观空间设计原理 ·· 066
    第一节 景观形态要素与形式美 ··· 066
    第二节 景观视觉形象的审美特性 ······································ 071
    第三节 景观空间的处理手法 ··· 074
    第四节 景观空间规划设计的原则 ······································ 078

第六章　景观设计的程序与表达 ························· 081
　　第一节　景观设计的程序 ································ 081
　　第二节　景观设计的表达 ································ 084

第七章　水体景观设计 ·· 091
　　第一节　水的特性和用途 ································ 091
　　第二节　水景的类型及其特点 ··························· 097
　　第三节　水景设计 ··· 102

第八章　植物景观设计 ·· 107
　　第一节　景观植物的分类 ································ 107
　　第二节　景观植物的功能作用 ··························· 110
　　第三节　景观植物的观赏特性和选择原则 ············· 113
　　第四节　景观植物种植方式 ······························ 121

第九章　景观建筑与小品的规划设计 ······················· 129
　　第一节　景观建筑与小品的规划设计要素 ············· 129
　　第二节　景观建筑设计 ··································· 131
　　第三节　景观小品设计 ··································· 142

参考文献 ·· 151

第一章 绪 论

第一节 基本概念

一、景观

景观（Landscape）是指土地及土地上的物质和空间所构成的综合体，它是复杂的自然过程和人类活动在大地上的烙印。

景观是多种功能（过程）的载体，不同学科和专业背景的人有多种理解，主要有：

(1) 风景——视觉审美过程中的对象。

(2) 栖居地——人类生活中的空间和环境。

(3) 生态系统——一个具有一定结构和功能的内外相连的有机系统。

(4) 符号——一种记载人类表达过去、现在、未来的希望和理想，并赖以认同与寄托的语言和精神空间。

(5) 从地理学的角度理解——景观与地形、地物同义，指地球表面由气候、土壤、地貌、生物等各种成分组成的综合体，主要用来描述地壳的地质属性和地貌属性，包括地表现象、综合自然地理区、地理单元等。

(6) 从设计专业的角度理解——景观大致分为两大类，一类是软质的物体，称为软质景观（如树木、水体、和风、细雨、阳光、天空等），通常是自然的；另一类是硬质的物体，称为硬质景观（如铺地、墙体、栏杆等景观构筑物），通常是人造的；当然也有例外，如山体是硬质的，但它是自然的。

二、景观设计

景观设计（Landscape Design）是关于景观分析、规划布局、改造、设计、管理、保护和恢复的科学和艺术。景观设计包含分析、规划、设计和管理四个过程。

（一）景观分析

景观分析指基于生态学、环境科学、美学等诸方面对景观对象、开发活动的环境影响进行预先分析和综合评估，明确将损失度最小化的设计方针，并制作环境评价图，作为设计的依据。

（二）景观规划

景观规划指根据社会和自然状况以及环境评价图，将设计用地分成几个功能区，制定总体的各个功能区的景观建设基本方针、目标、措施，大致地反映未来空间发展的景观面貌。

（三）景观设计

景观设计指对各个地区的未来空间面貌进行具体的表现，制定具体的景观建设措施、目标。在进行开敞空间、各类设施、居住区设计时，需要注意防灾网络的形成。

（四）景观管理

景观管理指对创造出的景观和需要保护的景观进行长期的管理，以确保景观价值的延续性。

综上所述，景观设计是基于科学与艺术的观点与方法，探究人与自然的关系，以协调人地关系和可持续发展为根本目标进行的空间规划、设计以及管理的学科。

三、景观设计师

（一）景观设计师的职业定义

景观设计师（Landscape Architect）是一种职业，它于1850年由美国景观设计之父奥姆斯特德提出，非正式使用（1863年正式成为职业名称）。2004年12月2日被原国家劳动和社会保障部正式认定为我国的新职业之一。景观设计师是具备美学、绘图、设计、勘测、文化、历史、心理学、造价预算、工程建设等各方面知识的复合型人才。景观设计师是运用景观理论及相关的专业知识及技能，以景观的规划设计为职业的专业人员，其终身目标是使建筑、城市和人的一切活动与地球和谐相处。北京大学景观设计学研究院院长俞孔坚认为景观设计属于现代新兴的服务型行业。2014年6月4日，国务院常务会议首次提出精简职业资格许可和认定事项，并决定先行取消一批准入类专业技术职业资格。今后，凡没有法律法规依据和各地区、各部门自行设置的各类职业资格，不再实施许可和认定，逐步建立由行业协会、学会等社会组织开展水平评价的职业资格制度。2015 年，按照《国务院关于取消和调整一批行政审批项目等事项的决定》（国发〔2015〕11 号）要求，取消了景观设计师职业资格认定。虽然景观设计师的职业资格认证取消了，但是这个职业仍然会长期存在，因为社会、经济、文化发展仍然需要这方面的人才。景观设计师可以通过参加一些景观设计专业的国际性、全国性或地方性大赛，以实践经验为基础，更深入地探索景观设计师的设计理念，从而更全面地掌握景观设计理论和技术，更好地发挥自己的设计能力。

（二）景观设计师的核心专业知识

景观设计师的专业及业务核心是景观与风景园林规划设计，其需要涉及的专业包括建筑学、城市规划、室内设计、环境艺术设计等。

（三）景观设计师的工作对象

景观设计职业是工业化、城市化和社会化背景下的产物。景观设计师工作的对象是土地综合体，即达到解决土地、人类、城市和土地上一切物体的生命安全与健康的可持续发展问题，从土地、人类历史与文化遗产角度，以及人类和其他生命的角度，合理利用和设计脚下的土地及土地上的空间和物体。

（四）景观设计师的工作范畴

从本质上理解，景观是土地的艺术，因此，景观设计的工作就是对土地进行设计，范围包括所有土地及土地上面的空间和物体。

四、其他相关概念

（一）园林

园林指在一定的范围内，根据一定的自然法则、工程技术和艺术规律，将动植物、建筑、园路、山石、水体等物质要素进行组合和建造，从而创造出环境优美、供人休息和使用的景观空间。

（二）绿化

绿化是一种使用绿色植物改造自然、美化环境的措施，习惯理解就是为改造自然环境而栽花种树。

（三）造园

在一定的地段范围内，改造或者人为地开辟天然的山水地貌，结合植物的栽植规律和建筑的布置法则，构成一个供人观赏、游憩、居住的环境，人们把创造这样一个环境的过程称为造园（包括设计和施工在内）。

第二节　景观设计与相关学科的关系

景观设计的产生及发展有着相当深厚和宽广的文化底蕴，景观在艺术和技能方面的发展，一定程度上还得益于美术、建筑、城市规划等相关专业。因此，谈到景观设计时，首先有必要厘清它和其他相关专业之间的关系，或者说它所解决的问题和其他专业所解决的问题之间的差异。目前，我国景观设计的从业人员来自建筑学、城市规划、风景园林学、环境设计等专业，他们在景观设计中各有自己的工作重点和强弱项。

一、建筑学

建筑活动是人类较早改善生存条件的尝试之一。人们在经历了上百万年的尝试、摸索之后，积淀了丰富的经验，为建筑学的诞生、人类的进步作出了巨大的贡献。建筑作品的主持完成，开始是由工匠或艺术家来负责的。1964年，伯纳德·鲁道夫斯基（Bernard Rudofsky）在其著作《没有建筑师的建筑：简明非正统建筑导论》中讨论了作为普遍存在的建筑艺术现象，通过排除那些会干扰我们考察完整建筑"全景"的地理与社会偏见，他向我们展现了一个迄今无人知晓、也无从发现的世界奇观——可容纳十万观众的美洲史前剧院区域、供数百万人居住的地下城镇和乡村。他认为这些令人意想不到的奇观在没有职业建筑师之前都是由工匠或艺术家完成的。在欧洲，随着城市的发展，这些工匠和艺术家也完成了许多具有代表性的建筑和广场设计，形成了不同风格的建筑流派。那时，由于城市规模较小，城市建设在某种意义上就是完成一定数量的建筑。建筑与城市规划是融合在一起的。工业化以后，由于环境问题的凸显，人们开始对城市建设进行重新审视，例如出现了埃比尼泽·霍华德（Ebenezer Howard）的"花园城市"，法国建筑大师勒·柯布西耶（Le Corbusier）的"光辉城市"和他主持完成的印度城市设计：昌迪加尔。直到建筑与城市规划逐渐相互分离，各自有所侧重，建筑师的主要职责才转向专注于设计具有特定功能的建筑物，如住宅、公共建筑、学校和工厂等。

二、城市规划

景观设计与城市规划是相互独立又相互渗透的关系，两者的区别在于基本概念和设计内容不同。城市规划是国家对城市发展的具体战略部署，既包括空间发展规划，又包括经济产业的发展战略，是为城市建设和管理提供目标、步骤、策略的学科。而景观设计则是综合性的学科，主要内容为空间规划设计和管理，对象是城市空间形态。城市规划的对象是城市，有总体规划和详细规划两个层次，其中总体规划的对象为整个城市，详细规划的对象为城市内部的街区。

三、风景园林学

最早的造园活动可以追溯到2000多年前，主要包括祭祀神灵的场地、供帝王贵族狩猎的园囿以及居民为改善居住环境而进行的绿化栽植。现代风景园林是以公园绿地为核心架构起来的学科体系。而景观设计的核心课题是空间物质形态。从绿地、绿化的专项研究来说，风景园林的研究深度远远超过了城市景观设计。风景园林学和景观设计学之间相互渗透，联系非常紧密，具有相当多的共同课题。风景园林是城市景观设计产生和发展的基础，对其发展有不可估量的作用。景观设计人员很多是从园林师转化而来的，现代风景园林的不断拓展也为景观设计提供了新的课题。

四、环境设计

环境设计专业由传统的环境艺术设计专业演变而来，因为设计师在设计环境的时候不仅仅设计了环境的艺术形式，也设计了环境的功能形态，所以去掉"艺术"二字是很有必要的。今天的环境设计专业有着宽广的专业内涵，除了为美化环境而设计的艺术品外，还包括偶发艺术、地景艺术等。环境设计专业的教学更多地强调景观设计的艺术性，注重设计师的艺术灵感和艺术创造。

第三节 中外园林景观设计概述

人类文化的发展与变革总是伴随着对过去的否定进行的，但是这种否定绝不是全盘否定。一种新的文化形式的产生，总是与它脱胎的母体有着千丝万缕的联系，这样才能构成文化的延续。景观作为文化的载体和重要组成部分也有着这样的特性，因此要了解现代景观设计，很有必要回顾一下中外园林景观的设计系统。

一、中国古典园林景观

中国古典园林风格独特，积淀深厚，其造园艺术成就卓越，被誉为"世界园林之母"，对世界园林学和景观学的发展产生了重大影响。因此我们学习景观设计，必须了解中国古典园林的发展历史和优秀的造园艺术，才能在继承的基础上创新和发展。

（一）发展概况

中国园林已有数千年历史，它经历了从粗放的自然风景苑囿发展到现代自然与人文相结合的城市园林绿地的漫长过程。中国园林自夏商周时期至今，主要经历了以下六个发展阶段。

1. 早期：商周及春秋战国时期的苑囿

所谓"苑"，是为帝王营造于都城郊外的园，也就是选择一块山林地，在里面放养一些野兽供帝王行猎作乐。西周时期，"苑"被称为"囿"。"囿"为圈养动物的园子，在囿中饲养各种禽兽、鱼类，挖池沼、筑高台，并在台上建筑宫室以供帝王享用。

2. 形成期：秦汉时期的建筑宫苑

秦汉时期，在囿的基础上发展出了一种宫室园林式的"建筑宫苑"，具备风景式园林的特点，典型代表为秦代的上林苑和汉代的建章宫。

上林苑：秦始皇三十五年，在渭水之南的上林苑营造新宫，这就是历史上有名的阿房宫。据《汉书·旧仪》载："苑中养百兽，天子春秋射猎苑中，取兽无数。其中离宫七十所，容千骑万乘。"可见上林苑仍保存着射猎游乐的传统，但主要内容已是宫室建筑和园池。在上林苑中建立宏大的宫廷，将建筑、山水、植物组合成居住游乐的场所，从而形成了以建筑宫苑为特征的园林景观。据《关中记》载，上林苑中有36苑、12宫、35观，由此可见上林苑是由自然景观和人工建筑共同构成的规模巨大的园林。

建章宫：汉武帝时，大兴宫殿建筑，建有12处宫苑，以建章宫为首。建章宫中有名花异草和奇兽，建章宫北侧筑太液池，池中筑蓬莱、方丈、瀛洲三座人工假山，被称为"海上仙山"。这种处理手法，开创了我国造园史上"一池三山"的人工山水布局先河，为后世所效仿。汉代是继秦以后我国造园发展的一个重要阶段，奠定了我国传统造园的基础，影响深远。

3. 转折期：魏晋南北朝时期的自然山水园和寺庙丛林

此阶段为中国山水园林的奠基时期，自然山水园和寺庙丛林是其典型代表。

自然山水园：魏晋时期，战火不断，民不聊生，但皇室仍然大兴土木营建宫室。至南北朝时，社会暂时稳定，文人士大夫也开始在自己的住屋周围经营具有自然山水之美的小环境。为了随时能享受到大自然的山林野趣，自然式的私家庭院应运而生，并逐步影响到宫室的建筑格局，皇家园林也转向以自然山水为主的自然山水园。

寺庙丛林：佛教在魏晋时传入中国，南北朝时期达到极盛。寺庙大多选择在地形奇特、环境清雅、丛林茂盛的山林地修建，因而寺庙丛林成了佛教圣地的代名词。寺庙丛林的兴起，促进了我国对名山大川的开发，如峨眉山、九华山、五台山等。

4. 发展期：隋唐写意山水园

隋唐时期政治相对安定，经济繁荣，文化水平较高。此阶段为中国山水园林的全面发展期。这时期的山水园林是对前期园林的升华，强调写意的特点，即采用简约的手法，强调意境，富于诗情画意，虽效法自然又高于自然，不求形像，但求神似，再现一个精练、概括的自然景观。此类园林在掇山、理水、植物配置等造园手法上都非常考究，开始形成如下特点：

（1）以大的湖面为园林中心，湖中有山；
（2）湖北面有曲折的水池环绕；
（3）南面为景区。

5. 成熟期：宋朝

到了宋朝，由于经济的进一步发展，造园更加普遍。从都城到地方，从帝王、贵族到平民，造园的地区和规模都得到扩大。这一时期的园林形式有如下特点：

（1）追求自然，善于抒情表意；
（2）手法自然灵活，善于叠山理水；
（3）从整体布局出发，巧于因景设点。

6. 繁荣期：明清皇家山水宫苑及江南私家园林

明清时期是中国古代园林的兴盛时期，明代已有专业的园林匠师。现在我们见到的皇家园林与私家园林，绝大部分是在这一时期建造而成。

1）皇家山水宫苑

清初国内政治稳定，经济发展快，大规模的皇家园林建设是从康熙时代开始的。典型的代表有圆明园、颐和园、承德避暑山庄。

2）江南私家园林

就全国而言，私家园林最发达的地区集中在中国的南方，因为这一地区具有造园的自然环境（江浙一带多产石料，江流纵横、气候温和、空气湿度大）、经济条件（江浙一带手工业发达，盛产丝绸，经济繁荣）和人文氛围（江南自古文风盛行，南宋时盛行文人画和山水诗，宋朝大批富商、官吏涌至杭州，造园盛极一时）。其造园特点有：

(1)"小中见大"的布局上采取灵活多变的手法;

(2)强调意境营造和诗情画意,善于仿造自然山水的形象;

(3)园林建筑轻巧灵秀,朴实清雅;

(4)植物配置以乔木为主,竹丛、芭蕉、梅花等为辅,营造出"花红柳绿又逢春,绿树阴浓夏日长,红枫临深秋,冬雪压松柏"的景观,以求得四季常青和色彩上的变化。

3)岭南四大园林

岭南四大园林是指顺德清晖园、佛山梁园、番禺余荫山房和东莞可园四座古典园林。

清晖园:集我国古代建筑、园林、雕刻、诗书、灰雕等艺术于一身,园内水木清华,利用碧水、绿树、古墙、漏窗、石山、小桥、曲廊等与亭台楼阁交互融合,突出庭院建筑中雄、奇、险、幽、秀、旷的特点。

梁园:清代岭南文人园林的典型代表之一,其布局精妙,宅第、祠堂与园林浑然一体,岭南式的"庭园"空间变化迭出,格调高雅,造园组景不拘一格,追求雅淡自然。

余荫山房:布局精巧,通过精工巧匠的精雕细刻,使全园的纹饰做到丰富而精致、素色而高雅,给人们一种恬静和雅淡的美感。

可园:运用江南造园艺术,建筑是清一色的水磨青砖结构,会在一小块面积上营造一组组层次丰富、错落有致,富有节奏色彩和空间对比的建筑体系。

4)皇家园林与私家园林的区别

(1)从功能上比较:皇家园林,尤其是大型皇家园林兼有朝政、生活、游乐的多种功能,实际上是封建帝王的离宫;私家园林,则有待客、生活、读书、游乐的要求。

(2)从规模上比较:皇家园林占地较大;而私家园林占地不大,多与住宅结合在一起。

(3)从风格上比较:皇家园林在建筑上追求宏伟气魄、金碧辉煌,讲究园林的整体构图与开阔的景观;私家园林则追求平和、宁静的气氛,装饰不求华丽,环境色彩讲究清淡雅致,力求创造一种与喧嚣城市隔绝的世外桃源之境界。

(二)理论著作

《园冶》由明代造园家计成于1631年完成,是中国古代留存下来的唯一一部系统性的园林艺术理论专著。书中提出了"相地合宜,构图得体""虽由人作,宛自天开"的设计原则。这些原则至今仍是中国传统园林建造的重要准则。这种自然主义倾向与中国传统风水学所倡导的"屈曲生动,谐和有情"的美学观念是一脉相承的。

(三)中国古典园林的主要特点

中国古典园林通过对自然景观的抽象、提炼和概括,最终再现自然的神韵,它不是单纯地模拟自然山水景观。其特点如下:

（1）具有东方传统园林的风格；
（2）富于诗情画意；
（3）具有地方风格。

二、外国园林景观简况

世界园林按地区分为东方园林、西亚园林、欧洲园林三大系统。国外的东方园林以日本、朝鲜及东南亚为代表，主要将自然、人工山水、植物和建筑相结合；西亚园林主要以叙利亚、伊拉克及波斯为代表，以花园与清真寺为主要特色；欧洲园林以意大利、法国、英国、俄罗斯为代表，各有特色。

（一）日本传统园林

日本园林风格与中国园林风格相近，同属自然式风景园林。尽管受中国园林的影响很大，但日本园林由于能较好地结合本土独特的地理条件（四面环海、风景秀丽）和禅宗的文化传统，营造出了小巧、自然、富有佛禅特色的园林景观——枯山水。近现代以来日本的枯山水园林随着其经济、文化的强盛也一起走出亚洲走向了世界，在世界园林史上有一定的影响力。

（二）古埃及与西亚园林

古埃及和西亚地区干旱少雨，冬季温和，夏季酷热，温差大，因为不适合树木生长，所以水体和植物会受到特别的重视。这些特殊的地理位置和气候环境决定了园林大都是经过人类改造后的几何元素布局，并且有明显的中轴线，平面基本为规则式的方形。园林四周有围墙，入口处建塔门，内部用纵横轴线把平地分作四块，形成方形的"田字"，在十字林荫路交叉处设中心喷水池，中心水池的水通过十字水渠来灌溉周围的植物。园林中心的水池一般是矩形的，池中养鱼并种植水生植物，池边有凉亭供人休息和赏景。

（三）欧洲传统园林景观

从14、15世纪到19世纪中叶，西方园林的内容和范围都大大拓展，园林设计从仅对私家花园进行设计扩展到公园与私家花园并重。园林的功能不仅仅是家庭生活的延伸，更是肩负着改善城市环境，为市民提供休憩、交往和游赏场所的责任。欧洲传统园林景观主要经历了以下七个发展阶段。

1. 传统公园（古希腊时期）

古希腊通过波斯学到西亚的造园艺术。园林一般位于住宅的庭院或天井之中，呈几何式布局，中央有水池、雕塑和花卉，四周环以柱廊，这种形式为以后的柱廊式园林的发展打下了基础。其后，以雅典城邦为代表的民主政治带来文化、科学、艺术的繁荣，出现了供人们公共活动和游览的园林，园内出现了林荫道并在其下设置桌椅，灌溉水渠也演化成装饰性水景，人们可以在此散步，哲学家可以在此辩论。

2. 别墅园林（古罗马时期）

古罗马继承希腊传统发展了山庄园林，在文艺复兴时期又发展出别墅园林，或称意大利台地园。为了夏季避暑，这些别墅庄园多建在郊外的山坡上，居高临下，可鸟瞰周围的原野。

3. 宗教园林（中世纪）

476—1453 年是欧洲的中世纪。中世纪城市的发展，为后来园林的设计奠定了良好的基础。公元 8 世纪，阿拉伯人征服西班牙后，为伊比利亚半岛带来了伊斯兰的园林文化，结合欧洲大陆的基督教文化，形成了西班牙特有的园林风格（庭院中部为十字形水渠，各种装饰变化细腻，喜用瓷砖和马赛克作为饰面）。后来，这种类型的园林又被西班牙殖民者带到了美洲，影响到美洲的造园和现代景观设计。

4. 庄园（15 世纪初叶）

15 世纪初叶，随着文艺复兴运动的兴起，欧洲园林进入了一个空前繁荣发展的阶段。大规模的庄园在意大利源源不断地涌现，就庄园的建筑而言，大致分为以下三种：
（1）位于高处、豪华的庄园主住所，但并非一般人认为的城堡；
（2）简陋的农民茅舍；
（3）公共设施，包括教堂、水磨房（庄园主所有）和手工业者的库房。

5. 花园（15—16 世纪）

15—16 世纪，意大利的园林随着文艺复兴思想的兴起在欧洲大陆广为传播。文艺复兴时期的园林继承了古罗马园林的特征，依山坡而建，视野较好，成为坡地露台花园。园林平面是中轴对称的几何形，在轴线中间和两侧布置了美丽的绿篱花坛、变化多端的喷泉和瀑布、常绿树、各种石造的阶梯、露台、水池、雕塑、建筑及栏杆等。

6. 现代公园（17—18 世纪末）

17 世纪中叶，英国爆发了资产阶级革命，新兴资产阶级统治者没收了封建贵族的宫苑和私园，向公众开放，并将其称为公园（public park）。到了 19 世纪，随着西方现代工业的兴起，人口的增长和城市规模的扩大使环境迅速恶化，人们开始注意到人与自然环境的平衡问题。如：1858年美国建筑师奥姆斯特德（Frederick Law Olmsted）设计的美国纽约中央公园，是有史以来第一次为普通大众设计并修建的大规模公共性景观，也是纽约第一个完全以园林学为设计准则建造的公园。它开创了有计划地建设城市园林绿地系统的先河，成为真正意义上的现代城市景观设计和公园建设。

1）法国规则式园林

17世纪，法国继承和发展了意大利的造园艺术，创造出法国规则式园林。其造园特点有：

（1）将意大利文艺复兴庄园的一些要素（如植物、喷泉、瀑布等）以一种新的更开朗、华丽和对称的方式进行重新组合。

（2）园林有着非常严谨的几何秩序，均衡和谐，统一中富有变化，显得非常壮观。勒·诺特的代表作品有维康府邸和凡尔赛花园。

2）英国自然式园林（感伤主义园林）

18世纪中下叶，规则式园林开始受到批评，主要原因是这种方式对自然环境持漠视态度。与此同时，欧洲的文学领域兴起了浪漫主义运动，其中崇尚自然的思想对造园领域产生了重要影响。英国率先恢复传统的草地、树丛，从而发展起了自然风景区。园林中配置了一些景观小品，如中国的亭、塔、桥、假山，其他异国情调的小建筑、模仿古罗马的废墟等开始大量出现在英国园林之中，人们将这种园林称为感伤主义园林或英中式园林。

3）城市公园

18世纪中叶后，随着中产阶级的兴起，英国的部分皇家园林开始对公众开放。随即法国、德国和其他国家群相效仿，开始建造一些开放的、为大众服务的城市公园。自1850年起，随着美国大城市的发展和城市人口的膨胀，城市环境越来越恶化，为了改善城市的卫生状况，在美国出现了大量的城市公园。

7. 混合式园林（19世纪）

整个19世纪，欧洲园林尽管在内容上已经产生了翻天覆地的变化，但是在形式上并没有创造出一种新的风格，正如绘画、雕塑、建筑等其他艺术领域在此时期所经历的类似徘徊一样。

19世纪以后，公园日益引起大众的普遍关注，同时，小庭院的设计建造也颇为兴盛。景观设计师植物知识的扩展和植物材料的日益丰富，为设计不同主题的小庭院提供了丰富的素材，这些庭院更多地体现了造园者和园林主人在园艺上的兴趣。

第四节　现代景观设计的产生与发展

一、现代景观设计产生的历史背景

　　进入工业社会之后，工业革命虽然给人类带来了巨大的社会进步，但由于人们认识的局限，将原有的自然景观分割得支离破碎，既没有考虑生态环境的承受能力，也没有可持续发展的指导思想，这直接导致了生态环境的破坏和人们生活质量的下降，甚至使人们开始逃离城市，以便寻求更好的生活环境和生活空间。景观的价值开始逐渐被人们认识和提出，如有意识的景观设计开始酝酿。或者，从另外的角度理解，景观设计在不同时期的发展有一条主线：在工业化之前人们为了欣赏娱乐的目的而进行的景观造园活动，如国内外的各种"园""囿"，在这样的思路之下，国内外传统的园林学、造园学等产生了；工业化带来的环境问题强化了景观设计的活动，从一定程度上改变了景观设计的主题，这一时期人们由娱乐欣赏转变为追求更好的生活环境，由此开始形成现代意义上的景观设计，即解决复杂的综合体问题——土地、人类、城市和土地上的一切生命的安全与健康以及可持续发展的问题。

　　现代景观设计产生的历史背景可以归结为以下几个方面：工业化带来的环境污染，与工业化相随的城市化带来的城市拥挤，聚居环境质量恶化。基于工业化带来的种种问题，一些有识之士开始对城市、对工业化进行质疑和反思，并寻求解决之道。下面介绍几种代表性的观点。

（一）刘易斯·芒福德

　　刘易斯·芒福德（Lewis Mumford，1895—1990年）在《城市发展史：起源、演变与前景》（*The City in History：Its Origins，Its Transformation，and Its Prospects*）从人文社会科学系统阐述城市起源和发展，并展望了远景。内容包括：史前时代的城市，城市在美索不达米亚的诞生，古埃及城市，古希腊—罗马城市，中世纪基督教、巴洛克和商业城市，近代和现代工业城市。作者从政治、经济、文化、宗教、社会、城市规划等多方面综合研究城市发展的历史，对今后城市发展提出战略性意见。书中描述19世纪欧洲的城市面貌及城市中的问题："一个街区挨着一个街区，排列得一模一样，单调而沉闷；胡同里阴沉沉的，到处是垃圾；到处没有供孩子游戏的场地和公园；当地的居住区也没有各自的特色和内聚力。窗户通常是很窄的，光照明显不足……比这更为严重的是城市的卫生状况极为糟糕，缺乏阳光，缺乏清洁的水，缺乏没有污染的空气，缺乏多样的食物。"书中描述的一些问题，即使在今天的一些大城市也没有得到很好的解决，由此可见工业化带来了严重的生态问题。

（二）埃比尼泽·霍华德

埃比尼泽·霍华德（Ebenezer Howard，1850—1928 年）在《明日的田园城市》（*Garden Cities of Tomorrow*）中认为：城市的生长应该是有机的，一开始就应对人口、居住密度、城市面积等加以限制，配置足够的公园和私人园地，城市周围有一圈永久的农田绿地，形成城市和郊区的永久结合，使城市如同一个有机体一样，能够协调、平衡、独立自主地发展。

在人们对城市问题提出各种解决途径之后，大体一致认同的观点是，应在城市中布置一定面积和形式的绿地。如在城市总体规划中，城市绿地是城市用地的十大类之一。城市绿地的形式可以采取多种形式：公园、街头绿地、生产绿地、防护林、城市广场绿地等。城市绿地可以改善城市环境质量，净化大气，美化环境，同时又是景观设计的基本内容和重要的造景元素。有了以上大致的共同观点，现代景观设计拉开了序幕，包括英国改善工人的居住环境、美国的城市美化运动等。总之，现代景观设计已经隆重登场，开始了它的历史使命。

（三）弗雷德里克·劳·奥姆斯特德

弗雷德里克·劳·奥姆斯特德（Frederick Law Olmsted，1822—1903 年）是现代景观设计的创始人。他广泛游历、访问了许多公园和私人庄园，先后学习了测量学、工程学、化学等，并成为一名作家和记者。由于奥姆斯特德在学界的重要影响，在 1857 年秋天获得纽约市中央公园的主管职位和设计工作，该公园于 1876 年全部完工。在 30 多年的景观规划设计实践中，他还设计了布鲁克林的希望公园、芝加哥的滨河绿地及世界博览会的景观部分等。他是美国景观设计师协会的创始人和美国景观设计专业的创始人。因此，奥姆斯特德被誉为"美国景观设计之父"。

二、现代景观设计学科的发展

在全世界范围内，英国的景观设计专业发展得比较早，这与其作为老牌的工业化国家在发展中面临较多的生态问题关系密切。伴随着这些生态问题的产生和解决，1932 年，英国第一个景观设计课程出现于雷丁大学（University of Reading），后来相当多的大学于 20 世纪 50—70 年代早期也分别设立了景观设计研究生项目。之后景观设计教育体系慢慢成熟，其中相当一部分学院在国际上享有盛誉。

1933 年，国际现代建筑协会在雅典召开，制定了《城市规划大纲》，总结了城市的弊端并提出了城市的应对思路，这就是城市规划史上著名的《雅典宪章》。《雅典宪章》提出了城市规划功能分区的思路，这既是对此前西方城市改造的一种总结，代表城市景观格局的确立，也为以后的城市改造指明了方向。

在现代景观设计学科的发展及其职业化进程中，美国走在最前列，美国景观设计专业教育是哈佛大学首创的。从某种意义上讲，哈佛大学的景观设计专业教育史代表了美国景观设计学科的发展史。从1860年到1900年，奥姆斯特德等景观设计师在城市公园绿地、广场、校园、居住区及自然保护地等方面所做的景观设计奠定了景观设计学的基础，之后其活动领域又扩展到了主题公园和高速路系统的景观设计。

纵观国外的景观设计专业教育，人们非常重视多学科的结合，其中包括生态学、土壤学等自然科学，也包括人类文化学、行为心理学等人文科学，最重要的是还必须学习空间设计的基础知识。这种多学科的结合进一步推进了学科发展的多元化。因此，现代景观设计是大工业、城市化和全球化背景下产生的，是在现代科学与技术的基础上发展起来的。

第五节　现代景观设计的理论基础

一、生态学及景观生态学

（一）生态学

1866年，德国科学家恩斯特·海克尔（Ernst Haeckel，1834—1919年）首次将生态学（Ecology）定义为：研究有机体与其周围环境（包括非生物环境和生物环境）相互关系的科学。作为环境与生态理论发展史上重要的代表人物，伊恩·麦克哈格（Ian McHarg，1920—2001年）把土壤学、气象学、地质学和资源学等学科综合起来，并应用到景观规划中，提出了"设计遵从自然"的生态规划模式。这个生态规划模式对后来的生态规划影响很大，成为20世纪70年代以来生态规划的一个基本思路。

（二）景观生态学

景观生态学（Landscape Ecology）的研究重点在于：景观要素或生态系统的分布格局，这些景观要素中的动物、植物、能量、矿质养分和水分的流动，景观镶嵌体随时间的动态变化。进入20世纪80年代以来，遥感技术、地理信息系统和计算机辅助制图技术的广泛应用，为景观生态规划的进一步发展提供了有力的工具，使景观规划逐渐走向系统化和实用化。1995年，哈佛大学著名景观生态学家理查德·T.T.福尔曼（Richard T. T. Forman）强调景观格局对过程的控制和影响作用，通过格局的改变来维持景观功能、物质流和能量流的安全，这表明景观的生态规划已经开始从静态格局向动态格局转变。

二、环境行为心理学

环境行为心理学（Environmental-behavior Psychology）兴起于20世纪60年代，经过20余年的研究与实践的积累之后，至20世纪80年代逐渐成熟。环境行为心理学开始以研究"环境对人行为的影响"为重点，后来发展为研究"人的行为与构造和自然环境之间相互关系"的交叉学科。环境行为心理学的研究主要集中在以下几个方面：

（1）环境对人的心理和行为的影响，包括特定环境下公共与私密行为的方式、特征，安全感、舒适感等各种生理和心理需求的实现以及如何获得一种有意义的行为环境等；

（2）环境因素对人的生活质量的影响，涉及拥挤、噪声、气温、空气污染等；

（3）人的行为对周围环境与生态系统的影响，涉及环保行为和环境保护的心理学研究。

三、景观美学理论

不同的学者有不同的美学理论，对美有不同的阐释，柏拉图（Plato，前427—前347年）认为"美是理式"，亚里士多德（Aristotle，前384—前322年）认为"美是秩序、匀称和明确"，黑格尔（G. W. F. Hegel，1770—1831年）认为"美是理念的感性显现"，蔡仪（1906—1992年）认为"美是典型"，朱光潜（1897—1986年）认为"美是主客观的统一"，李泽厚（1930—2021年）认为"美是自由的形式"，等等。王长俊先生的景观美学理论认为：景观是立体的多维的存在，要求审美主体从各个不同形象、不同侧面、不同层次之间的内在联系系统中，从不同层面相互作用的折射中，去探索和挖掘景观的美学意蕴。其将景观美看作是一种人类价值，但并不是一种超历史的、凝固不变的价值，它总是要随着历史的演进，随着人类关于经济、政治、文化乃至所有领域的追求而演进，只有从历史学的角度，才有可能把握景观美的本质。

四、可持续发展理论

可持续发展（Sustainable Development）是20世纪80年代提出的一个新概念。1987年联合国世界环境与发展委员会在《我们共同的未来》报告中第一次阐述了可持续发展的概念，得到了国际社会的广泛共识。"可持续发展"是指在不危及后代、满足其需要的前提下，满足当代人的现实需要的一种发展。其基本原则是寻求经济、社会、人口、资源和环境等系统的平衡与协调。在城市化迅速发展的今天，可持续发展理念为保证城市健康持续发展指明了道路。

思考题

1. 现代景观设计产生的时代背景与发展历程是什么?
2. 现代景观设计的理论基础有哪些?

第二章　景观的分类与构成要素

人们对景观的认识与需求是社会生产力与科学技术发展到一定水平的产物，是消费能力的具体表现。随着社会的不断发展，人们对景观的兴趣与鉴赏水平不断提高，景观的范围与对象也相应扩大，对景观分类的要求也随之产生。景观类型不同，景观的构成要素也不尽相同。为了更好地进一步了解景观的分类，我们有必要学习景观的构成要素。

第一节　景观的分类

景观分类的目的在于充分认识不同景观的特性，把握形成其特性的相关因素，以创造出丰富多彩的景观环境，满足人们不断发展的需求。关于景观的分类，目前学术界并无统一规定，存在着不同见解，不同学科往往根据各自不同的目的及要求，以不同的角度与思考方式制定出不同的分类标准与方案，下面介绍几种常见的景观分类形式。

一、按景观的规划形式分类

（1）规则对称式：有明显的主轴线，轴线两边的布置都是对称的，以意大利台地造园、法国平地造园为代表。

（2）规则不对称式：绿地的构图是规则的，但无对称轴线，如街头、街旁、街心的块状绿地等。

（3）自然式：没有明显的主轴线，布局随意，以精确简练地表现天然风景点。

（4）混合式：这种形式在现代景观中使用较广，它综合了规则对称式园林（整齐明朗、色彩鲜艳）与自然式园林（丰富多彩、变化无穷）两种类型的特点。

二、按景观的性质和使用功能分类

（1）风景名胜：如黄山、庐山、武夷山等。

（2）皇家园林：如颐和园、御花园、承德避暑山庄等。

（3）私家园林：如留园、狮子林、拙政园、网师园等。

（4）寺观园林：如苏州寒山寺、洛阳白马寺、杭州灵隐寺、武当山南岩宫、成都青羊宫等。

（5）古迹纪念园林：如华清池、大观楼等。

（6）公共园林：如南京玄武湖公园、上海人民公园、广州文化公园等。

（7）专类园和其他园林：如南京中山植物园、杭州植物园、上海动物园、华南国家植物园等。

三、按景观的性质和成因特征分类

按景观的性质和成因特征，以中国风景园林学家提出的"景源"的分类方案最具代表性，将景观资源分为自然景源、人文景源和综合景源3大类。其中，自然景源又分为天景、地景、水景、生景4中类，包括40个小类，多于417个子类；人文景源分为园景、建筑、史迹、风物4中类，包括34个小类，多于270个子类；综合景源分为游憩景地、娱乐景地、保健景地、城乡景地4中类，包括24个小类，多于111个子类。

第二节　景观的构成要素

景观的构成要素很多，本节主要从地形、水体、植物、景观建筑与小品、道路与铺装、景观桥等几个方面进行论述。

一、地形

地形或称地貌，是地表的起伏变化，也就是地表的外观。景观主要由丰富的植物、变化的地形、迷人的水景、精巧的建筑、流畅的道路等景观要素构成，地形在其中发挥着基础性的作用，其他所有的景观要素都是承载在地形之上，与地形共同协作，营造出宜人的环境。因此地形可以看成景观的骨架。

（一）地形的类别

地形可以通过各种途径加以归类和评估，例如规模、形态、坡度、地质构造等。从地形的规模大小来看可分为大地形、小地形、微地形。

大地形是指大规模的地形变化。从风景区、大范围的土地来讲，地形的变化是复杂多样的，包含高山、高原、盆地、草原、平地等大规模的地形变化。

小地形是指小规模、小幅度的地形变化,例如土丘、台地、斜坡、平地或因台阶、坡道引起变化的地形。

规模小且起伏最小的地形叫"微地形",它主要指植物种植地的微弱起伏。

下面主要从地形的形态来进行分类,根据其是自然形还是规则形可分为:自然式地形、规则式地形。

1. 自然式地形

自然式地形在景观设计当中常见的形式有:自然式的凹地形、凸地形、山谷、山脊、斜坡和平坦地形等类型。

1)凹地形

凹地形,就是中间低,四周高的洼地。它给人隐蔽、私密等感觉,人们的视线容易集中在空间之内,因而这种地形往往是理想的观演区,底层是表演者的舞台,而四周的斜坡是很好的观众场地。凹地具有一些不好的特点,比如容易积水、比较潮湿。

2)凸地形

凸地形的表现形式有山峰、山丘、山包等。它具有抗拒重力而代表权力和力量的特征。一方面,处于凸地形的顶部,会得到外向性的视野,又有一种心理上的优越感,所以古人才有"会当凌绝顶,一览众山小"的豪迈。另一方面,如果人从低处向高处看凸地形,容易产生一种仰止的心理,因此,凸地形在景观中可以作为焦点或者起支配地位的要素,我们经常看到很多较重要的建筑物往往被放置于凸地形的顶端。

3)山谷

两山之间狭窄低凹的地方称为山谷。山谷一般只有来自两个方向的围合,因此具有一定的方向性和开放性。其谷底线是山体的排水线所在地,容易形成自然的溪流,暴雨时易形成洪水,因此,如果要在山谷进行开发,不宜在谷底,只宜在山谷两侧的斜坡上。

4)山脊

山脊与凸地形较为相似,最主要的差异是山脊是线状的,两者在设计上具有很多的相似点。山脊的独特之处是它的动势感和导向性,加上视野开阔,人们很容易被山脊吸引而沿着山脊移动。因而山脊线很受设计师重视,道路、建筑往往会沿山脊线布局。

5)斜坡

斜坡是指具有一定倾斜坡度的地形。由于地表是倾斜的,它给人极强的方向性。如果斜坡的视野开阔,人们喜欢在此静躺、远眺、遐想。由于人的视域的特征,斜坡又是一个很好的展示景物的地方。

若斜坡的坡度很大,则会给人一种不稳定感。一般而言,斜坡的坡度最大不能超过2∶1,否则就要采取必要的工程措施。

6)平坦地形

平坦地形是指地表基本上与水平面平行的地形。但是室外环境中没有所谓的真正平地，大都因为需要保持一定的排水坡度而有轻微的倾斜。

一方面，这种地形没有明显的高差变化，视线不受遮挡，给人一种开阔空旷的感觉。另一方面，它具有与地球引力效应相均衡的特性，给人极强的稳定感，是理想的站立、聚会、坐卧、休息的场所。一些水平线要素特征明显的物体很容易与平坦的地形相协调，处理得好，还能提高和增加该地形的观赏特性。相反，垂直线要素特征明显的物体会成为突出的视觉焦点。

2. 规则式地形

规则式地形在景观设计中常见的形式有规则的下沉式广场、上升式台地、平地和台阶等类型。

1）下沉式广场

下沉式广场是通过踏步将高度降低，从而形成四周高中央低的广场。这样的话，既能增加空间的变化，又能起到限制人的活动的作用，还能够为周围的空间提供一个居高临下的视觉条件。

2）上升式台地

有时候景观设计师通过踏步将地形做成上升式台地，其灵感大概来源于美妙的乡村梯田景观。由于有一定的高度，上升台能像雕塑一样矗立在场地中成为一景。

3）平地

规则式地形中的平地与自然式地形中的平地有一些差别。自然式地形的平坦地形多是草坪。规则式平坦地形多是指硬质场地内的平坦地，这种地形在城市广场出现得比较多，有利于开展较大型的活动或者聚会。

4）台阶

台阶一般在有高差的地方出现，当然也有可能是斜坡。它既能满足功能上的要求，也具有比较好的美学效果。特别是一些纪念性景观，通过台阶处理高差变化，能让人产生敬仰感和崇敬感，引发人们对所纪念事物的联想和回忆，例如南京雨花台忠魂亭前的台阶地形处理。

（二）地形的功能

地形在园林设计中的主要功能包括分隔空间、改善小气候、组织排水、引导视线、增加绿化面积、美学功能和游憩功能。

1. 分隔空间

我们可以通过地形的高差变化来对空间进行分隔。例如，在一平地上进行设计时，为了增加空间的变化，设计师往往通过地形的高低处理，将一个大空间分隔成若干个小空间。

2. 改善小气候

从风的角度而言，可以通过地形的处理来阻挡或引导风向。凸面地形、脊地或土丘等，可用来阻挡冬季强大的寒风。在我国，冬季大部分地区为北风或西北风，为了能防风，通常把西北面或北部处理成堆山，而为了引导夏季凉爽的东南风，可通过地形的处理在东南面形成谷状风道，或者在南部营造湖池，这样夏季就可利用水体降温。

从日照、稳定的角度来看，地形产生地表形态的丰富变化，形成了不同方位的坡地。不同方位的坡地接受太阳辐射、日照长短都不同，其温度差异也很大。例如对于北半球来说，南坡所受的日照要比北坡充分，其平均温度也较高；而在南半球，则情况正好相反。

3. 组织排水

景观场地的排水最好是依靠地表排水，因此通过巧妙的坡度变化来组织排水的话，将会以最少的人力、财力达到最好的效果。较好的地形设计，是在暴雨季节，大量的雨水也不会在场地内产生淤积。从排水的角度来考虑，地形的最小坡度不应该小于5%。

4. 引导视线

人们的视线总是沿着最小阻力的方向通往开敞空间，可以通过地形的处理对人的视野进行限定，从而使视线停留在某一特定焦点上。如南京雨花台烈士陵园为了突出纪念碑运用的就是这种手法。

5. 增加绿化面积

对于同一块底面面积相同的基地来说，起伏的地形所形成的表面积显然比平地的会更大。因此，在现代城市用地非常紧张的环境下，在进行城市景观设计时，加大地形的处理量会十分有效地增加绿地面积。并且，由于地形所产生的不同坡度特征的场地，为不同习性的植物提供了生存空间，丰富了人工群落生物的多样性，从而可以加强人工群落的稳定性。

6. 美学功能

在景观设计创作中，有些设计师通过对地形进行艺术处理，使地形自身成为一个景观。再如，一些自然地形常常被用来作为空间构图的背景。如南京中山陵依托钟山而建。它是借助自然山体的大型尺度和向上收缩的外轮廓线，给人一种雄伟、高大、坚实、向上和永恒的感觉。

7. 游憩功能

平坦的地形适合开展大型的户外活动；缓坡大草坪可供游人休憩，享受阳光的沐浴；幽深的峡谷为游人提供世外桃源的享受；高地又是观景的好场所。另外，地形可以起到控制游览速度与游览路线的作用，它通过地形的变化，影响行人和车辆运行的方向、速度和节奏。

二、水体

水是生命之源。人们常以水域来表达不同地域的文化以体现其差异性，如海洋文化、长江文化、两河流域文化等。在景观设计中，水凭借其特殊的魅力成为非常重要的一个要素。

（一）水的美学特征

1. 形态美

水本身没有形态，它的形态由容纳它的器物所决定，因而它可以呈现千变万化的形态，而不同形态的水体给人的审美感受也不同，如方形的水体给人的感觉是规规矩矩，而自然形的水体给人的感觉是生动无拘。水大多时候是以液态的形式呈现，但是在寒冷的冬天，会以冰雪的形式呈现。由于其呈固态，所以可以对其进行各种造型加工，如形成白色的雪人和透明的冰雕。

2. 动静美

水又有动水和静水之分，在自然界中，河流、溪流、瀑布表现为动态的美，动态的水让人思绪纷飞，而湖泊、池塘等则表现为静态的美，静态的水很容易让人平静而陷入沉思。

3. 水声美

河流、溪流产生的潺潺流水声，让人感到平和舒畅，而瀑布的轰鸣声则使人感到情绪澎湃。

4. 色泽美

水体本身是无色的，但可以通过反射周围环境的光线来呈现周围环境的颜色。通常会呈现天空的蓝色，清晨或傍晚时分，会呈现彩霞的橙色，而当微风吹起时，则又波光粼粼，使得倒影中的造型和色彩复杂多变。

5. 触感美

水通常给人以冰凉、柔润的触感美，在炎热的夏天，接触到凉爽的水会让人感到非常舒服，这也是人们亲水的重要原因。

6. 倒影美

水面能镜像岸边的景物形成倒影，虚幻的倒影不仅增添水体的清澈灵动美，也和水面外的实体景观形成虚实共生的景观，丰富景观的层次。

（二）水体的功能

1. 美学功能

前面已经分析了水具有形态美、动静美、水声美、色泽美、触感美、倒影美。水体就是凭借它的这些美学特征在景观设计中发挥着重要的美学作用。

2. 改善环境

水体具有改善环境的重要功能，尤其是对微气候的调节作用。当水体达到一定数量并占据一定空间时，由于水体的辐射性质、热容量和导热率不同于陆地，会改变水面与大气间的热交换和水分交换，使水域附近气温变化趋于和缓、湿度增加，从而导致水域附近局部小气候变得更加宜人，更加适合某些植物的生长。另外，自然界各种水体本身都有一定的自净能力，即进入水体中的污染物质的浓度，将随时间和空间的变化自然降低。

3. 提供娱乐条件

液态的水体可以为娱乐活动和体育竞赛提供场所，如划船、龙舟比赛、游泳、垂钓、漂流、冲浪等。随着技术的进步，人们围绕水体景观开发了很多游乐项目，如水幕电影、水滑梯、水上飞舞等。固态的水体也可为滑冰、冰上龙舟、冰球、滑雪、雪地摩托等水上项目提供场所。

三、植物

植物是一种特殊的景观构成要素，最大的特点是具有生命，能生长。它们种类极多，从世界范围看，植物超过 30 万种。它们遍布世界各个地区，与地质地貌等共同构成了地球千差万别的外表。植物有很多种类型，如常绿植物、落叶植物，或针叶植物、阔叶植物，还可分为乔木、灌木、草木等。植物大小、形状、质感、花及叶的季节性变化各具特征。因此，植物能够造就富于变化、迷人的景观。

植物还有很多其他的功能作用，如涵养水源、保持水土、吸尘滞埃、构建生态群落、建造空间、限制视线等。

下面主要从植物的大小、形状、色彩三个方面介绍植物的观赏特性。因为对一个景观设计而言，植物的观赏特征是非常重要的。任何一个赏景者对于植物的第一印象便是对其外貌的反应。如果该设计形式不美观，那它将很难受到欢迎。

（一）植物的大小

不同大小的植物在植物空间营造中也起着不同的作用。如乔木多是做上层覆盖，灌木多是用作立面"墙"，而地被植物则是多做底。

（二）植物的形状

植物的形状简称树形，是指植物整体的外在形象。常见的树形有笔形、球形、尖塔形、水平展开形、垂枝形等。

1. 笔形

笔形植物大多主干明显且直立向上，形态显得高而窄。如杨树、圆柏、紫杉等。

由于其形态具有向上的指向性，引导视线向上，在垂直面上有主导作用，当与较低矮的圆球形或展开形植物一起搭配时，对比会非常强烈，因而使用时要谨慎。

2. 球形

球形植物具有明显的圆球形或近圆球形形状。如榕树、桂花、紫荆、泡桐等。

圆球形植物在引导视线方面无倾向性。因此在整个构图中，圆球形植物不会破坏设计的统一性。这也使该类植物在植物群中起到了调和作用，将其他类型统一起来。

3. 尖塔形

尖塔形植物底部明显大，整个树形从底部开始逐渐向上收缩，最后在顶部形成尖头。如雪松、云杉、龙柏等。

尖塔形植物的尖头非常引人注意，加上总体轮廓非常分明和特殊，常在植物造景中作为视觉景观的重点，特别是与较矮的圆球形植物对比搭配时常常取得意想不到的效果。

4. 水平展开形

水平展开形植物的枝条具有明显的水平方向生长的习性，因此，具有一种水平方向上的稳定感、宽阔感和外延感。如木棉、二乔玉兰、铺地柏等。

由于它可以引导视线在水平方向上流动，因此该类植物常用于在水平方向上联系其他植物，或者通过植物的列植也能获得这种效果。相反地，水平展开形植物与笔形及尖塔形植物的垂直方向能形成强烈的对比效果。

5. 垂枝形

垂枝形植物的枝条具有明显的悬垂或下弯的习性。如垂柳、龙爪槐等。

垂枝形植物能将人的视线引向地面，与引导视线向上的圆锥形正好相反。种植在水岸边效果极佳，当柔软的枝条被风吹拂，配合水面起伏的涟漪，非常具有美感，让人思绪纷飞。或者种在地面较高处，能充分体现其下垂的枝条。

6. 其他形

植物还有很多其他特殊的形状，如钟形、馒头形、芭蕉形、龙枝形等，它们也各有自己的应用特点。

（三）植物的色彩

色彩对人的视觉冲击力是很大的，人们往往在很远的地方就注意到或被植物的色彩所吸收。树叶在植物的所有器官中所占面积最大，因此也很大地影响了植物的整体色彩。树叶的主要色彩是绿色，但绿色中也存在色差和变化，如嫩绿、浅绿、黄绿、蓝绿、墨绿、浓绿、暗绿等。

植物除了绿叶类外，还有秋色叶类、双色叶类、斑色叶类等。这使植物景观更加丰富与绚丽。

果实与枝条、树皮在景观设计植物配置中的应用常常会收到意想不到的效果。如满枝红果或者白色的树皮常使人得到意外的惊喜。

四、景观建筑与小品

（一）景观建筑

景观建筑指存在于景观中与造景有直接关系，为人们休闲娱乐活动提供空间或表达意境的建筑，是景观的重要组成部分。它既要满足建筑的使用功能要求，又要满足景观的造景要求，是一种与景观环境密切结合，与自然融为一体的建筑类型。

景观建筑各具特色，常见的景观建筑有亭、廊、水榭、舫、塔、楼、茶室等。它们在布局、组景、赏景、生活服务等方面发挥着重要的功能。按其功能可以分为游憩型、服务型、展览型等。游憩型的景观建筑不仅有驻足休息、纳凉避雨的实用功能，还可以其各种优美的造型和精细的做工构成优美的点景，如亭、游廊、水榭、舫。服务型的景观建筑优雅大方，除了休息瞭望的作用，还常用作构图的中心，为景点增色，如茶室、书报亭、商品服务部等。展览型的景观建筑可以其丰富的造型及建筑风格成为景观艺术和文化资源的主题之一，又可起到登高瞭望、控制景区的作用，如塔、画廊、故事长廊等。

（二）景观小品

景观小品是景观中的点睛之笔，一般体量较小、色彩单纯，对空间起点缀作用。景观小品不仅具有实用功能，还具有精神功能，包括建筑小品，如构架、雕塑、壁画、牌坊等；生活设施小品，如座椅、电话亭、邮箱、邮筒、垃圾桶等；道路设施小品，如车站牌、街灯、防护栏、道路标志等。

景观小品虽然不像景观建筑那样有着举足轻重的地位，但是它们凭借其巧妙的构思、精致的造型起到烘托气氛、加深意境、丰富景观等作用，景观小品的主要功能体现在以下几个方面：

1. 美化环境

景观小品的艺术特性与审美效果，加强了景观环境的艺术氛围，创造了美的环境。

2. 标示区域特点

优秀的景观小品具有特定区域的特征，是该地人文历史、民风民情以及发展轨迹的反映。通过这些景观小品可以提高区域的识别性。

3. 实用功能

景观小品尤其是景观设施，主要目的就是给游人提供在景观活动中所需要的生理、心理等各方面的服务，如休息、照明、观赏、导向、交通、健身等的需求。

4. 提高整体环境品质

通过这些艺术品和设施的设计来表现景观主题，可以引起人们对环境和生态以及各种社会问题的关注，产生一定的社会文化意义，改良景观的生态环境，提高环境艺术品位和思想境界，提升整体环境品质。

五、道路与铺装

（一）道路

景观中道路的功能大致有交通功能和空间功能。交通功能是为了让行人能安全、迅速、舒适到达目的地所应具备的功能。空间功能主要提供景观管线排布，为人们提供交流、休息、散步的场所。我们所讨论的景观道路，主要是指人们以娱乐、休闲为目的的出行，以某一景观范围内的道路为主，不包括城市对外交通、公共交通。

道路应以景观的总体设计为依据确定路宽、道路曲线、道路的线形以及路面结构。

1. 景观道路的功能

1）联系景点，引导游览

一个大型园区常常有各个功能的景区，这就需要道路的组织将各个不同的景区、景点联系成一个整体。

2）疏导

道路设计时应考虑到人流的分布、集散和疏导。对于一些大型景观区域中重要建筑或有消防需求的人流会聚的建筑，特别要注意消防通道的设计与联系，一般而言，消防通道的宽度至少是4m。

3）构成景观

道路铺装形式多样、线形优美，也是一种可赏景观。

2. 景观道路的类型

景观道路一般有主干道、次干道、散步道、小路等，主干道、次干道可以是机动车道路、人车混行或人行路。在景观设计中，为了通行安全、赏景等目的，我们提倡人车分离的道路形式。人车混行路可以设置人车分离设施，如护栏、隔离墩、绿带、将人行道抬高或是采用不同材质的铺装等；还可以通过设置道路减速装置、设置弯路、道路的宽窄变化等控制车行速度，并根据人和车的行进速度进行沿线的景点设计。

主路通向主要景点，要求方便游人集散，宽度4~6m，纵坡宜小于8%，横坡宜小于3%，粒料路面横坡宜小于4%，纵、横坡不得同时无坡度。主路不宜设梯道，必须设梯道时，纵坡宜小于36%。

对于支路和小路，纵坡宜小于18%，纵坡超过15%的路段，路面应做防滑处理；纵坡超过18%，宜按台阶、梯道设计，台阶踏步数不得少于2级；坡度大于58%的梯道应做防滑处理，宜设置护栏设施。经常通行机动车的道路宽度应大于4m，转弯半径不得小于12m。道路在地形险要的地段应设置安全防护设施；通往孤岛、山顶等卡口的路段，宜设通行复线；需沿原路返回的，宜适当放宽路面。应根据路段行程及通行难易程度，适当设置供游人短暂休憩的场所。道路及铺装场地应根据不同功能要求确定其结构和饰面。面层材料应与景观整体风格相协调，并宜与城市车行路有所区别。

小路的使用频率虽然较主路、次级路低很多，但是它比主路灵活，也需要硬质地表，既可以作为通道，也可以作为装饰。小路经常用汀步石、木墩或其他碎料铺设，路宽1.2~2m，最小宽度0.8m，以通行1~2人为宜。小路可以作为一个种植床的边界或划分一个宽阔的草坪。

3. 景观道路的布局原则

1）功能性原则

道路的布局要从其使用功能出发，综合考虑，统一规划，做到主次分明，有明确的方向性和指引性。

2）因景得路

道路与景相通，要根据景点与景点之间的位置关系，合理安排道路的走向。

3）因地制宜

要根据地形、地貌、景点的特点来布置，不可强行挖山填湖来筑路。

4）回环性

景观中的道路多为四通八达的环行路，游人从任何一点出发都能遍游全部景区，不用走回头路。

5）多样性

景观道路的形式应该是多种多样的。在人流集聚的地方或在庭院内，道路可以转化为场地；在林间或草坪中，道路可以转化为步石或休息区；遇到建筑，道路可以转化为"廊"；遇山地，道路可以转化为盘山道、磴道、石级；遇水面，道路可以转化为桥、堤、汀步等。

4. 道路景观的设计

道路一般由面层、路基和附属工程三部分组成。

面层是道路最上面的一层，直接承受人流和车辆的磨损，承受气候的变化。面层要稳固、平稳、耐磨耗等。我们将在地面铺装内容中详细讲述面层。

路基是面层的基础，它不仅为园路提供一个平整的基面，承受地面传下来的荷载，也是保证地面强度和稳定性的重要条件之一，对保证道路的使用寿命具有重大的意义。

附属工程包括道牙（路缘石）、明渠、雨水井等。

（二）地面铺装

地面覆盖物可以选择草坪、低矮灌木等有生命的覆盖物，也可以选择无生命的覆盖物及裸露的泥土。景观中所使用的铺装材料很多，有时会同时使用多种地面覆盖物。下面我们将探讨硬质的铺装材料，研究其在景观中的构图和功能作用。

铺装材料是指具有任何硬质的自然或人工的铺地材料，主要包括砂石、砖、瓷砖、条石、水泥、沥青、木材等。铺装材料相对比较稳定、耐久，不易产生变化，还能利用不同材质、颜色、肌理等形成各种造型和图案。

1. 地面铺装的功能和作用

1）提供高频率的使用

地面铺装材料能经受长期而大量的践踏磨损，某些铺装材料还能够承受车行的压力，能够阻止光秃裸地被冲蚀和尘土的飞扬。如果地面铺装材料使用得当，可以提供高频率的使用，而不需要太多维修。

2）导游作用

当地面被铺成一条带状或某种线型时，它便有指示前进方向的作用，如引导盲人的点字块状铺装；在高速路面铺装的粗细颗粒变化，可以提示司机减速。

铺装材料可以引导行人穿越不同的空间序列。如果铺装的色彩、质地或铺装材料本身的组合发生改变，可以暗示这个空间的用途和活动的改变。当行人离开一种特定的铺装而踏上另一种不同材料的铺装时，他会立刻感到进入了一个新的行走路线或新的空间。

铺装材料不仅能引导运动方向，而且能微妙地影响游览的感受。例如，一条平滑弯曲的小路，给人一种轻松悠闲的田园般的感受；而一条直角转折的小路，走起来感到既严肃又拘谨；不规则多角度的转折路，则会产生不稳定和紧张感。

3）暗示游览的速度和节奏

铺装材料的形状能影响行走的速度和节奏。景区散步道的铺装面越宽，运动的速度也就会越缓慢。在一条较宽的路上，行人能随意停下观看景物而不妨碍旁人行走，而当铺装路面较窄时，行人便只能一直向前行走，几乎没有机会停留。

在线性道路上行走的节奏也能受到铺装地面的影响。行走节奏包括行人脚步的落处和行人步伐的大小，这两者都受到各种铺装材料的间隔距离、接缝距离、材料的差异、铺地的宽度等因素的影响。

4）提供休息的场所

当地面铺装以相对较大并且无方向性的形式出现时，它会暗示着一个静态停留空间。

5）对空间的影响

地面铺装的每一块铺料的大小、铺砌形状的大小和距离，都能够影响空间的视觉比例。形体较大、较开展，会使空间产生一种宽敞的尺度感；而较小、较紧缩的形状，则使空间具有压缩感和亲密感。

6）创造视觉趣味

人们穿行于一个空间时，很自然地会看向地面，他们会很注意自己脚下的东西以及下一步应踩在什么地方。因此，铺装的这种视觉特性对于设计的趣味性起着重要作用。例如，铺装图案为地图、有趣的图形，甚至是能讲述一个小故事的铺装序列。

2. 基本铺装材料

随着材料技术的进步，景观设计中可供使用的铺装材料很多。根据材料的软硬程度可分为软性材料和硬性材料。软性材料主要有自然草皮和人造草皮。硬性材料有沥青铺装、混凝土铺装、砖石铺装等。根据材料的形态特征可分为面性材料、块状材料。面性材料主要是指以大块面形态出现的装饰材料，如沥青铺装、混凝土铺装、环氧砂浆铺装、水泥自流平铺装等。块状材料铺装主要是指以小块结构出现的材料，根据材料组成可细分为石、砖、木等。石材又可根据石材的形状细分为石板、石条、卵石等。砖材又可根据材质细分为普通砖、陶板砖等。常见的铺装材料主要有以下几种。

1）沥青

沥青是由细小的石粒和原油为主要成分的沥青黏剂构成的，是一种具有柔韧性的黏性铺装材料，是最廉价、最常用的表面硬化材料之一，其广泛应用于公路、通道、运动场、庭院以及停车场的铺装。

沥青具有良好的平坦性和可塑性，适合各种规则或自然的形状。沥青施工速度快，无须养护并且交通封闭时间短，但易于磨损，必须进行定期的维护修补。由于沥青面层的热稳定性差，受高温影响易融化而形成车辙，所以在夏季高温地区应慎用。

2）混凝土

混凝土由水泥、沙及水混合凝固而成。混凝土有良好的耐磨耗性、耐油性、耐冻结性。与沥青相比，混凝土有良好的平坦性和模数选择性，适合各种规则或自然的形状以及刻印不同图案或造型。由于混凝土为灰色，对光线的反射强，有利于夜间照明。混凝土的施工技术要求较高，需要 10 天以上的养护期，交通开放周期长，但是一旦按照标准施工，混凝土的养护费用是相当低的。

3）石材

石材根据地质类型可分天然石材和人造石材。天然石材以花岗岩、大理石、板石等为主。天然石材表面有细孔，所以在耐污方面比较弱，一般会对表面进行处理，如打磨、抛光、机刨、火烧等。

人造石材的防潮、防酸、防碱、耐高温、拼接性能较好，但是自然性不足，而且由于人造石材的制作工艺差异很大，所以性能特征也不完全一致。

4）砖材

作为一种户外铺装材料，砖材具有许多优点，通过正确的配料、精心的烧制，砖会接近混凝土般的坚固、耐久。它价格便宜，养护方便，颜色比天然石材还多，拼接形式也多种多样，可以变换出许多图案，效果自然也与众不同。例如荷兰砖（舒布洛克）质地坚硬、坚固耐用，可承受车辆荷载、吸水透气而且美观。它们不仅有多种颜色，而且表面的肌理既可细腻亦可粗糙。

5）砾石

沙砾是一种流动性的且相当廉价的材料。沙砾的尺寸从风化的花岗岩块到细砾不等，岩块可以压成平坦坚硬的路面，而细砾则很难压实，行人难走。巨砾作为当今步行路面的一种铺装材料，其所需养护费用相对较低，并且能让雨水直接回渗入土壤。

卵石是一种经过流水或落水冲蚀而变得圆滑的石头。卵石大小不一，可以利用砂浆将其黏接，由于其质地粗糙，不利于行走，常用于水池底面、驳岸或是足底按摩的小路。

洗米石即颗粒较小的石头，小豆石粒径以 5~8mm 为宜，浑圆、饱满为好，有各种颜色，可以根据颗粒颜色配合铜条进行图案设计。

6）木材

将木材用作室外的地面铺装材料，目前在景观设计中是一种很流行的做法。但是，由于木材在室外环境中比较容易变形、开裂、腐烂、虫蛀，所以必须经过处理才能应用。景观铺装中，木铺装典雅、自然，给人以柔和、亲切的感觉。木材在栈桥、亲水平台、树池、休息区等应用中被首选。

7）透水透气性材料

透水性路面，是指能使雨水通过，直接深入路基的人工铺筑路面。因此，具有使水还原于地下的性能，它能够改善植物的立地条件和生活环境、减少城市雨水管道的设施和负担、减少公共水域的污染、涵养水源、增加抗滑性能、增加空气湿度等。

嵌草路面是常见的透水透气性路面铺装。嵌草路面主要有两种，一种是在块料路面铺装时，在块料与块料之间留有空隙，在其间种草；另一种是制作成可以种草的各种纹样的混凝土路面砖。嵌草路面具有较好的透水、透气性能，能降低路面的地表温度，易与自然环境相协调，但是平整度不够，不利于穿高跟鞋的女士行走。嵌草路面经常应用于步行小路、庭院、广场或停车场等地。

除了嵌草路面外，经过特殊处理的彩色混凝土、沥青等铺装材料也具有良好的透水、透气性能。

六、景观桥

（一）景观桥概述

景观桥是用于行人与轻便车体跨越沟渠、水体及其他凹形障碍的构筑物。它具备点缀环境，为景观增加趣味的装饰作用。景观桥一般造型别致、材质精细，和周围景观有机结合，既有道路的特征，又有景观建筑小品的特色。

（二）景观桥分类

1. 按材质分类

（1）木桥：木桥以木材为原料，是最早的桥梁形式，它给人以自然感、原始感、亲近感。但是木材易被腐蚀，使用年限有限，这就需要进行防腐处理。

（2）石桥：是指用石块来砌筑的桥。在景观中，窄的水面通常采用单块的条石来联系两岸，如果是大水面，通常采用石拱桥。

（3）竹桥和藤桥：主要见于南方，尤其是西南地区。竹桥和藤桥很有自然的野趣。但是，人走在其上会有荡漾，缺乏安全性。

（4）钢桥：钢材强度高，很能体现结构之美，常用作大跨径桥。

（5）钢筋混凝土桥：是以钢筋、水泥、石头为材质建造的桥。工艺相当简单，但景观效果不及天然材料。

2. 按样式分类

（1）平桥：平桥是最简洁的形式，多平行且紧贴水面，有时为了组景的需求，常对平桥作一些平面上的曲折处理，形成平曲桥。这样，人行曲桥之上，随桥曲折，可从各个角度欣赏风景。

（2）拱桥：拱桥既方便沟通水上交通，又不会妨碍陆上游览。北京颐和园玉带桥，曲线优美，堪称一绝。

（3）亭桥和廊桥：亭桥和廊桥均属于一种复合形体，即将在桥上建亭或建廊，它可以满足人们雨天遮风避雨、凭桥赏景的需要，且其形体更为突出，造型更为美观。

（4）栈桥（道）：栈桥是架于水面上、沙地上或植被上的栈道。它既方便游人赏景，又起到保护生态环境的作用。

思考题

1. 景观的分类标准有哪些？
2. 景观的构成要素有哪些？
3. 景观地形有哪些作用？
4. 景观铺装的功能作用有哪些？

第三章 景观生态学原理

第一节 景观生态学的相关理论

一、景观生态学的概念

景观生态学是工业革命后一段时期，人类在面对聚居环境中生态问题日益突出时，追求其解决途径的过程中产生的。景观生态学在发展过程中，分别在欧洲、北美和东亚取得了相当的成就，其理论和方法日臻完善，应用领域不断拓展。

第二次世界大战后，工业化和城市化的迅速发展使城市蔓延，生态环境系统遭到破坏。麦克哈格作为景观设计的重要代言人，和一批城市规划师、景观建筑师开始关注人类的生存环境，并且在景观设计实践中开始了不懈的探索。他建立了当时景观设计的准则，标志着景观设计行业勇敢地承担起了后工业时代人类整体生态环境设计的重任。麦克哈格反对以往土地和城市规划中功能分区的做法，强调土地利用规划应遵从自然固有的价值和自然过程，即土地的适宜性。

简而言之，景观生态学的主要研究内容是与人居环境相关的土壤、水文、植被、气候、光照、地形条件等因素所形成的生物生存环境（简称"生境"），在不破坏全球生态系统的前提下，优化和改良我们的聚居环境。

二、几个重要的相关概念

现代景观规划理论强调水平生态过程与景观格局之间的相互关系，研究多个生态系统之间的空间格局及相互之间的生态关系，并用斑块—廊道—基质模式来分析和改变景观。

斑块是在景观的空间尺度上所能见到的最小异质性单元，即一个具体的生态系统。

斑块的形状多种多样，不同形状的相邻斑块间的组合，产生的交界区域是边缘效应的产生区。交界区域内能流、物流和信息流都远远大于某一斑块内部的能流、物流和信息流。人和许多动物需要在多种生态系统中寻求食物和庇护，所以多个生态系统的交界地带往往是其生存和发展的最佳环境。

廊道是指不同于两侧基质的狭长地带，具有通道或屏障功能的线状或带状的景观要素，是联系斑块的重要桥梁和纽带。廊道是一种连续的空间形式，几乎所有的景观都为廊道所分割，同时，又被廊道连接在一起，这在生物多样性的保护中具有重要作用。林带、树篱、河流、河岸植被带、道路、沟渠等都是重要的廊道形式。

基质是景观中范围广阔、相对同质且连通性最强的背景地域，是一种重要的景观元素。它在很大程度上决定着景观的性质，对景观的动态起着主导作用。

因为景观结构单元的划分总是与观察尺度相联系，所以斑块、廊道和基质的区分往往是相对的。例如，某一尺度上的斑块可能是较小尺度上的基质，也可能是较大尺度上廊道的一部分。

三、景观生态要素

景观生态要素主要包括水环境、地形、植被、气候等几个方面。

（一）水环境

水作为生态环境中最重要的生态因子，在生态系统中起着综合性的作用，是人类与其赖以生存的环境之间保持平衡的物质基础，在改善城市空气质量、提高生物多样性水平及增强生态效益方面有重要意义。同时水资源又是景观设计中重要的造景素材。因此，在当今城市发展中，有河流水域的城市都十分关注对滨水地区的开发、保护，临水土地的价值也一涨再涨。人们已经充分认识到水资源除了对生命力的支持外，在城市的发展中还起着极其重要的作用。

针对城市景观设计中对水资源的利用，美国景观设计学家西蒙兹提出了十个水资源管理原则，在此作为水景营造的借鉴原则：保护流域、湿地和所有河流水体的堤岸；将任何形式的污染减至最小，创建一个净化的计划；土地利用分配和发展容量应与合理的水分供应相适应，而不是反其道而行之；返回地下含水层的水质和量与水利用保持平衡；限制用水以保持当地淡水存量；通过自然排水通道引导地表径流，而不是通过人工修建的暴雨排水系统；利用生态方法设计湿地进行废水处理、消毒和补充地下水；地下水供应和分配的双重系统，使饮用水和灌溉及工业用水有不同税率；开拓、恢复和更新被滥用的土地和水域，达到自然、健康状态；致力于推动水的供给、利用、处理、循环和再补充技术的改进。

(二) 地形

在人类社会的发展历程中,人们对地形的利用经过了顺应—改造—协调的转变。在这个过程中,人类付出了巨大的代价。现在,人们在城市建设中,已经开始关注对地形的研究,尽量减少对地形地貌的破坏与改造,维护其原有的生态系统。

(三) 植被

植被不但可以涵养水源、保持水土,还具有美化环境、调节气候、净化空气的功效。因此,城市绿地是城市景观的自然要素和社会经济可持续发展的生态基础。

此外,在具体的景观设计实践时,还应该考虑植物种类的选择,选择适应性强的乡土树种、速生植物和慢生植物相结合、乔灌草复合结构等,形成一个生长良好且稳定的生态群落。

(四) 气候

一个地区的气候是由其所处的地理位置决定的,但是气候往往受诸多因素综合作用的影响,如地形地貌、森林植被、水面、大气环流等。比如,城市有"热岛效应"的现象,而郊区的气温就凉爽宜人。无论是城市规划、建筑学还是景观设计等领域都十分关注如何利用构筑物、植被、水体、地形等来改善局部小气候。

总之,在景观设计时要充分运用生态学的思想,充分利用水环境、地形、植被和气候,降低造价成本,积极利用原有地形地貌创造良好的景观环境。

第二节 景观生态设计理论与实践

一、园林景观生态设计的思想及发展

从 19 世纪下半叶至今,西方园林景观的生态设计思想先后出现了 4 种倾向,即:自然式设计、乡土化设计、保护性设计和恢复性设计。

(一) 自然式设计

自然式设计与传统的设计形式相对应,通过植物群落设计和地形起伏处理,表现自然景观,立足于将自然引入城市人工环境。

奥姆斯特德是第一位真正从生态高度将自然引入城市的设计师,他对自然风景园极为推崇,并规划设计了纽约中央公园和波士顿"翡翠项链"公园系统,意在重塑自然景观，有效推动城市生态的良性发展。受其影响，从 19 世纪末到现在，自然式设计的研究向两方面发展：其一为依附城市的自然脉络，通过开放空间系统的设计将自然引入城市；其二为建立自然景观分类系统作为自然式设计的形式参照。

（二）乡土化设计

通过对基地及其周围环境中植被状况和自然史的调查研究，使设计切合当地的自然条件并反映当地的景观风貌。为了提高植物成活率及与乡土景观的和谐性，19 世纪末以 O. C. 西蒙兹（O. C. Simonds）、延斯·詹逊（Jens Jenson）为代表的一批园林景观设计师开创了"草原式景园"，体现了一种全新的设计概念：设计不是"想当然地重复流行的形式和材料，而要适合当地的景观、气候、土壤、劳动力状况及其他条件"。这类设计以运用乡土植物群落展现地方景观特色为特色，造价低廉，将其应用于全美公路网建设中，有效地解决了公路两侧的绿化和护坡问题。

（三）保护性设计

对区域的生态因子和生态关系进行科学的研究分析，通过合理设计减少对自然的破坏，以保护现状良好的生态系统。

随着生态科学的发展，保护性设计经历了景观资源保护、生态系统保护、生物多样性保护等认识阶段。但近些年来，业内人士开始意识到它所带来的负面影响。首先，由于片面强调科学性，景观设计的艺术感染力日渐下降；其次，由于人类科学发展的局限性，设计的科学性不能得到切实保证。因此，生态设计与艺术设计相结合的呼声日益高涨。

（四）恢复性设计

20 世纪 60 年代以来，随着人口不断增长、工业化、城市化和环境污染的日益严重，出现了严重的环境危机。为了寻找科学的解决办法，生态设计逐渐转向更为现实的课题——恢复性设计，即在设计中运用种种科技手段来恢复已遭破坏的生态环境。

二、园林景观生态设计原理

北京大学俞孔坚博士在《景观与城市的生态设计：概念与原理》一文中参照西蒙·范·迪·瑞恩（Sim Van der Ryn）和斯图亚特·考恩（Stuart Cown）的理论对生态设计所下的定义为：任何与生态过程相协调、尽量使其对环境的破坏影响达到最小的设计形式都称为生态设计。这种协调意味着设计尊重物种多样性，减少对资源的剥夺，保持营养和水循环，维持植物生境和动物栖息地的质量，有助于改善人居环境和生态系统的健康。简单地说，生态设计是对自然过程的有效适应及结合，它需要对设计途径给环境带来的冲击进行全面的衡量。

俞孔坚将生态设计与传统园林景观设计理念相比较，生态设计在对待许多问题上有其自身的特点（表3-1）。俞孔坚结合目前国际景观和城市设计的动态，系统阐述了景观及城市生态设计的一些基本原理。

表3-1　　　　　　　　　　　生态设计与传统设计比较

问题	常规设计	生态设计
能源	消耗自然资源，基本上依赖于不可再生资源	充分利用太阳能、风能、水能和生物能
材料利用	过分看重外来植物物种，过量使用高质量建筑材料，对原有建材不重视，遗留在土壤中或散入空气中造成污染	重视乡土物种，循环利用可再生物质、对废物进行再利用，建立可持续发展景观
对污染的反应	对污染的抵抗力弱，甚至景观本身也对环境产生不良影响	有很强的污染抵抗力，所产生废弃物的数量和成分与园林本身系统的吸收能力相适应
对生态环境的敏感性	规范化的模式在全球重复使用，很少考虑地方文化和场所特征	因生物区域不同而有变化，设计应顺应当地土壤、植物、材料、文化、气候、地形等要素，解决生态及空间利用等问题的方法源自对场地的深入理解和挖掘
对文化环境的敏感性	全球化趋同，损害人类的共同财富	尊重和传承地方的传统知识、技术，运用地方的材料，丰富人类的共同财富
生物、文化和经济的多样性	使用标准化设计，高能耗和材料浪费，从而导致生物文化及经济多样性的损失	维护生物多样性和与当地相适应的文化以及经济支撑
知识基础	专业指向相对狭窄，缺乏多方面的考虑	综合多个设计学科以及广泛的科学，是综合性的设计
空间尺度	往往局限于单一尺度	综合多个设计尺度的设计，在大尺度上反映小尺度的影响，或在小尺度上反映大尺度的影响
整体系统	画地为牢，以人定边界为限，不考虑自然过程的连续性	以整体系统为对象，设计旨在实现系统内部的完整性和统一性
自然的作用	设计强加在自然之上，以实现控制和狭隘地满足人的需要	与自然合作，尽量利用自然的能动性和自组织能力
学习的类型	自然过程和技术是隐藏的，设计无益于教育	自然过程和技术是显露的，设计带我们走进维持我们的系统

续表

问题	常 规 设 计	生 态 设 计
对持续危机的反映	视文化与自然为对立物，试图通过微弱的保护措施来减缓事态的恶化，而不追求更深的、根本的原因	视文化与生态为潜在的共生物，不拘泥于表面的措施，而是探索积极地再创人类及生态系统健康的实践

（一）地方性

地方性原理主要是强调生态设计必须根植于所在的地方。地方性是生态设计的基础，只有对地方性进行了深入的了解，才可能真正做到设计与自然条件相和谐。地方性原理主要体现在以下三个方面：

1. 尊重传统文化和乡土知识

传统文化和乡土知识是当地人根据当地的生活环境，经过成百上千年的经验积累和生活实践形成的，具有很强的当地环境适应性，我们不但可以在传统文化和乡土知识中得到许多设计方面的有益启示，而且还能使设计更加符合当地人的生活习惯，更容易为人们所接受。因此，一个成功的生态设计必然是建立在透彻了解和分析当地的传统文化和乡土知识的基础之上的。

2. 适应场所的自然过程

了解场所的自然过程，如阳光、水、风、土壤等，在设计过程中充分考虑自然因素，将它们有机地、合理地结合在一起，确保自然为景观系统服务，使景观向健康的方向发展，这样的设计才能称为生态设计。

3. 当地材料的选择

对景观生态设计而言，材料主要是指植物材料和建筑材料的选择与使用。在植物方面，选用当地的乡土物种不但能适应当地的环境条件，而且也能够达到保护物种多样性、就地取材和节省开支的目的。当然我们在进行景观生态设计时，也应该注意不能排斥对当地环境条件适应性强，具有较大的观赏、生态价值的外来物种。现在城市中存在的许多环境问题，都是因为建筑材料选择不当所引起的，充分选用健康无害的建筑材料、利用当地材料甚至场地原有的建筑材料，也是生态设计原理在景观设计中应用的重要方面。

（二）保护与节约自然资本

自然资源可分为可再生资源（如植物、水等）和不可再生资源（如天然气、石油、煤等），对于二者我们应该予以区别对待。

1. 保护

设计者在进行生态设计时必须对不可再生资源的保护足够重视，特别是优秀自然文化遗产。保护不可再生资源是城市可持续发展的关键所在，生态设计要求设计必须建立在保护、合理利用不可再生资源的基础上，过度使用甚至破坏是绝对不允许的。对于可再生资源，虽然其具有一定的再生能力，但是这种再生能力并不是无限的，因此对它们也不能无限制地使用，应该采取保本取息的利用方式，适度开发利用。

2. 减量

减量是指尽量减少对资源尤其是不可再生资源的使用量，方法有提高使用效率、用可再生资源替代不可再生资源两种。实践证明，资源替代取得了很好的效果，如太阳能、风能、核能的利用，有效地减少了石油、天然气的消耗。

3. 再利用

生态设计要求重视对废弃物的重新利用，使其服务于新的功能，这样既可以减少能源的消耗，又可以有效地处理废物，做到一举两得。在这方面国内外都有许多成功的经验，例如上海世博后滩公园的设计中，利用原先场地的废旧钢材，创造出一种独特工业美感的空中弧桥，就是再利用的一个成功典范。

4. 再生

在现代城市景观系统中，"源—消费中心—汇"构成的物质和能量流动是单向流，因而产生了大量的垃圾和废物，造成了严重的城市污染。而生态设计的要求是使其形成闭合循环流，充分利用可再生资源，对不可再生资源实施循环利用的策略，最大限度地发挥景观系统的生态效益。

（三）让自然做功

自然提供给人类的服务是全方位的。让自然做功这一设计原理强调的是人与自然过程的共生和合作关系，通过与生命所遵循的过程和格局的合作，我们可以显著地减少设计的生态影响。

1. 自然界没有废物

在完全自然的环境中是不存在废物的，人类出现以前的上亿年间，地球并没有变成废物堆积的"垃圾场"。在现在的城市中，每天产生的废物是困扰城市生态环境的大问题。通过仔细观察，我们就可以发现，这些所谓的废物都是有一定的积极用途的。例如：秋天的枯枝落叶是春天植物生长时的营养；人类、动物的粪便既可以作为肥料，也可以发酵制造沼气。景观的生态设计就是要建立一个完善的景观生态系统，自我吸收本身产生的废物，形成完善的食物链和营养级，改善城市环境。如上海世博后滩公园，在不利用化学制剂或特殊设备加工过滤的前提下，经过由水生植物及动物等生物群落组成的不同净化分区，经一系列处理后将黄浦江劣五类水净化为三类水，每日处理的净化水量可达 2400m³，净化后的三类水不仅可以提供给世博公园做水景循环用水，还能满足世博公园与后滩公园自身的绿化灌溉及道路冲洗等需要。

2. 自然的自组织和能动性

自然具有自组织性和自我设计的能力，当一个系统从外界吸收能量、物质和信息时，它就会不断从低级向高级进化，而且自然的这种自组织性和能动性是人类的设计能力无法比拟的。现在许多生态设计中已经开始利用自然的自组织和能动性，以生态工程设计为例，它一改原有的取代自然的理念，利用自然的结构和工程进行设计，例如建立仿自然植物群落、通过土壤和植物进行污水处理等。

3. 边缘效应

边缘效应是指在景观元素的边缘地带可能发现不同的物种组成和丰富度。边缘效应的形成原因主要是交错区生境条件的特殊性、异质性和不稳定性，使毗邻的群落生物都聚集在这个区域，从而增大了此区域的生物活动强度和生产力。森林边缘、水体边缘在自然状态下往往是生物群落最丰富、生态效益最高的地段。因此"边缘"是发挥最大生态效益的部分，生态设计必须对边缘地带给予足够重视。

4. 生物多样性

物种多样性在生态景观中主要是指生物物种多样性，尤其以植物为主。适当增加景观系统的生物多样性能够增强生态系统对干扰的抵抗能力，从而加强景观生态系统的稳定性。在生态设计原理指导下设计的景观应该是具有丰富物种、抗干扰能力强、具有可持续性的景观系统。

（四）显露自然

1. 江苏园博园

江苏园博园地处南京东郊，紧邻紫金山、栖霞山、宝华山、汤山四个风景区，原址为废弃的采石矿区,伤痕累累。为实践景观生态设计,园博园响应国家绿色发展战略,历经3年建设,于2021年建成开园,通过对泥潭进行综合治理,对矿坑进行生态修复,对废弃厂房进行升级改造,对自然景观进行优化保留。地块内采用60余种乡土植物,本土植物应用率大于80%,区域内整体绿化面积由之前的不足10%提升至80%。利用原场地破旧石材与建筑废料重构生态挡墙填充物,掺杂8种以上的本土花籽、草籽,使其融于自然。自然放松花园模拟本土自然植物群落,增加乔灌草复层结构,在降低日常维护成本和频率的同时,加速植物群落自然演替。场地中30%的建筑立面增设垂直绿化及攀爬植物,垂直绿化通过10余种植物配比将生态绿墙打造为生态链条,植入建筑立面与屋顶花园、筒仓花园,通过台地穿插而生的植物建立"立体森林"的整体风貌与生态系统,既能提升绿化覆盖率与绿视率,又能为鸟类和昆虫提供理想栖息之所,如图3-1~图3-5所示。江苏园博园使曾经的荒芜之地,蝶变为游人如织的"世界山地花园群",并荣获2021年度"江苏省人居环境范例奖"。

图3-1 江苏园博园局部

图3-2 江苏园博园南京园

图 3-3　江苏园博园苏州园

图 3-4　江苏园博园无锡园

图 3-5　江苏园博园筒仓花园餐厅

2. 上海崇明第十届中国花卉博览园

上海崇明第十届中国花卉博览园是 2021 年第十届中国花卉博览会的会址，曾获得由上海市环境能源交易所颁发的"碳中和示范园区"证书，由此成为中国首个碳中和园区，如图 3-6 所示。建成碳中和园林，充分发挥植被固碳的优势效果，最大限度降低材料直接或间接产生的碳排放，降低热岛效应改善园区微气候，通过水资源综合利用实现碳中和及生态设计等。累计碳减排 164930.7 吨、新增碳汇量达 18.2 万吨。花博会筹备、举行和收尾三个阶段的全部碳中和，是中国第一个"展期碳中和+园区碳中和"的双碳达标最佳示范。

在让自然做功方面，项目团队通过研究花博会园区及周边区域水资源、水生态现状，糅合多种技术措施修复早先严重退化的水生态系统，提升水质标准，提高水体透明度。实现了 100% 修复花博园区场地水生态系统，修复后水域面积总计约 28 万平方米，水面率达 10%，实现Ⅲ类水水质标准，营造水清景美的生态景观。花博园建有"鱼翔浅底、花水相映"的生态水系，首创专属水质控制区，并运用沉水植物群落种植技术构建水生态系统，兼顾防洪除涝和水质质量的环境问题。隐身的水下闸门被置于河道内，设计师为"树生岛"打造出壮观的"水杉森林"，体现了人与自然的和谐共生。

在雨水收集利用方面，花博会园区内 50% 的硬质场地采用浅色铺装或植被遮阴，用以降低园区热岛效应。同时，采用大量低影响开发海绵设施，增加游客视野中的绿量，实现对雨水的渗透、过滤、处理、管控、储存用于区域的自动灌溉和场地清洗，避免对土壤生态及地下水环境的破坏；实现年径流总量控制率达到 80% 的目标，合理利用雨水进行绿化灌溉；同时，实现场地水资源综合利用的目标，室外景观灌溉节水率达 50%，如图 3-7、图 3-8 所示。

在资源再生利用方面，为了减少材料运输过程中产生的经济成本及交通碳排放，60% 的园区建设材料使用本地材料（按成本计），从而最大限度降低材料直接或间接产生的碳排放，充分考虑对环境和生态的可持续影响。其中，可循环材料用量占比达 20%（按成本计），如复兴大道上，总长 156m 的观花长椅，由 500 多万个利乐牛奶盒回收材料制成，体现了资源再生的理念。又如，在材料开采、生产过程中注重对环境和资源的可持续影响，对园内产生的园林绿化垃圾全部进行资源化处理并回收利用。

(a) 入口区

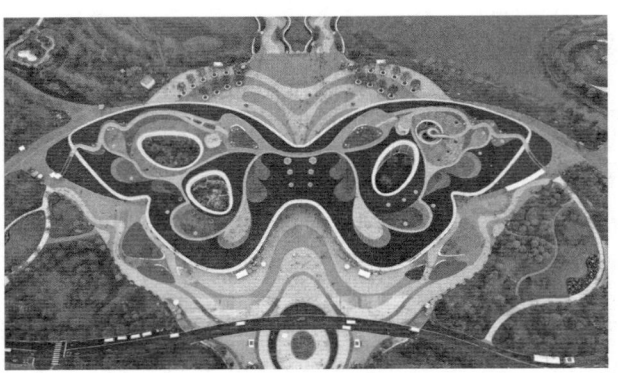
(b) 世纪馆

(c) 复兴馆和复兴广场

图 3-6　上海崇明第十届中国花卉博览园

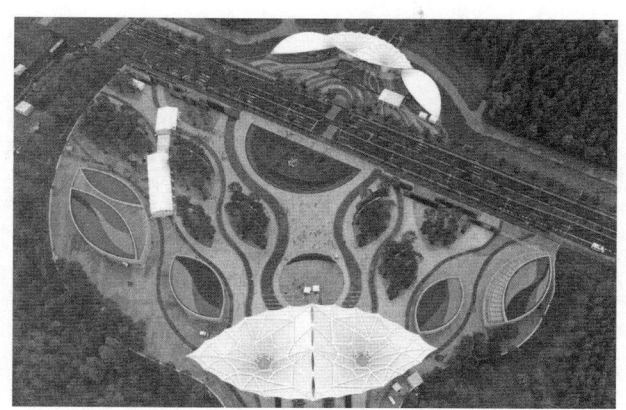

图 3-7　PVC 材质的屋顶是重要的雨水收集系设备

图 3-8　海绵设施

思考题

1. 景观生态学有哪些相关的理论？
2. 你身边有哪些生态景观设计的实践？

第四章 景观环境行为原理

第一节 环境行为学概述

一、环境行为学的兴起

长期以来,环境决定论在设计界具有很大的影响。很多设计师包括景观设计师都认为自己所设计的环境决定了人在其中的行为,确信人们将按照自己的设计意图使用和体验环境;但是,事实却恰恰相反,使用者往往是按照自己的意愿来使用环境。于是环境决定论的片面性开始受到批判,人们认识到必须更深入了解人类自身,了解环境与行为间的关系。

二、基本概念

(一) 环境

环境的定义和划分因学科而异。在环境行为学的研究中,一般认为人既是环境的中心又是环境中不可分割的一部分。就人类赖以生存、从事生产和生活的外部客观世界而言,通常可分为社会环境、自然环境和人工环境。社会环境由人组成,文化是其中的要素;自然环境包括山水树木等自然形态物质以及风雨地震等自然现象;人工环境以建筑环境为主体,由人工构筑物和建筑物组成。

(二) 人的需要

美国心理学家马斯洛提出的"需要层次理论"在西方具有较大的影响。马斯洛认为,人的需求按阶梯式分布,分成生理需求、安全需求、社交需求、尊重需求和自我实现需求五类，依次由较低层次到较高层次。生理需求包括进食、渴饮等；安全需求包括安全感、私密性等；社会需求包括交往、认同等；尊重需求包括自尊和为人尊敬等；自我实现包括实现个人潜能、追求理想和目标等，这些需要实际上是相互交叉，难以截然区分的。

（三）行为

行为是为了满足一定的目的和欲望而采取的过渡行动状态。由于心理现象是看不见摸不着的，因而研究人的心理必须从人的行为及其对于刺激的反应入手。在环境行为学研究中，行为不仅包括可观察到的具体反应和活动，而且包括知觉、认知等内容，其范围已经超过了原有的"行为"含义。

三、主要研究内容

环境行为学研究中，与环境设计密切相关的内容一般称为环境行为信息，包括不同尺度的场所研究、使用者的群体特点和环境行为现象。其中，环境行为现象反映了个人的生理、心理和社会需要，是理解群体和场所维度中环境行为关系的基础。环境行为研究有场所、使用者、社会行为现象等多个分析尺度，其研究已经涉及城市和应用人类学、社会地理学、资源管理、环境社会学、环境心理学、城市规划学、景观学、人体工程学、建筑学等多个研究领域。本章我们重点讲述的环境行为现象包括环境知觉、环境认知和空间行为等方面的内容。

第二节　格式塔知觉理论与环境行为

一、格式塔的含义

（一）词义

德语"格式塔"意指形式或图形，它还具有英语 structure（组织）的含义，中文翻译为"完形"或音译为"格式塔"。

（二）引申

在格式塔心理学知觉理论的应用中，差不多把格式塔视为"有组织整体"的同义词，即认为所有知觉现象都是有组织的整体，都具有格式塔的性质。于是，凡能使某一感知对象（如景观立面、平面）成为有组织整体的因素或原则都被称为格式塔。

二、格式塔的组织原则

（一）图形与背景

人们不能对一定场地内的所有对象都明显地感知，而是有选择地感知一定的对象——有些凸显出来成为图形，有些退居衬托地位成为背景，俗称图底之分。在设计中，如果图形和背景关系处理不好，就会出现两可图形，造成图底部分分不出是一个杯子还是两个相对的人面，如图 4-1 所示。

图 4-1　杯子与人脸的两可图形

1. 图形与背景的关系所具有的规律

（1）轮廓清晰明确的成为图形，轮廓较为模糊的成为背景。

（2）图形较小，背景相对较大。

（3）当图形与背景相互围合或部分围合并且形状类似时，图底关系可以互换。例如面对一匹斑马，可以说它是黑色的，身上有白色条纹；也可以说它是白色的，身上有黑色的条纹；还可以说它不是黑色的也不是白色的，而是由黑色跟白色的条纹组成的。

2. 图底关系在环境设计中的意义

图底关系是人凭直觉认识世界的最基本需要。真实环境中有清晰程度不同的图底关系：有的清晰，有的模糊，有时该清晰的却很模糊，有时该模糊的反倒清晰，不一定符合使用要求，这就需要经过设计加以调整。

此外，感知对象图底不分或较难区分，形成模糊混乱的图形，视知觉就会忽略不顾，或因模糊造成的闪烁而使人感到疲劳。此时若强制集中注意力观看，则会加重视觉疲劳而心生厌烦。所以，在景观设计中强调图底之分，不仅有助于突出景观的主题，而且也符合人的视觉特点。

3. 构成良好图形的主要条件

（1）小面积相对于大面积更容易成为图形。当小面积采用对比色时尤其引人注目，如蓝天上的白云、碧波白帆、万绿丛中一点红等。

（2）单纯的几何形体容易成为图形。如卢浮宫前的玻璃金字塔，在复杂的建筑环境中以其单纯的几何形态吸引着游人的注意而突显为图形。

(3) 水平和垂直的形态比斜向更容易形成图形。

(4) 对称的形态易形成图形。

(5) 完整、封闭的形态比开放式的形态更容易形成图形，如墙上的漏窗，月亮门等。

(6) 单个的凸出形态比凹入形态更容易形成图形。凹凸连续的形态，图形与背景可以互换，此时主体的经验常成为判断图底关系的依据。

(7) 动的形态比静的形态更容易成为图形，如广场上的喷泉、活动雕塑或飘动的彩旗等。

(8) 奇异的或与众不同的形态更容易成为图形，如悉尼歌剧院就是以其独特的建筑造型在海滨建筑群中显得极为醒目。

(二) 群化原则

知觉具有控制多个刺激，使其形成有机整体的倾向。也就是说，凡是整体性良好的多个视觉刺激，任何一个个体或部分之间必定存在某种促使相互结合、形成统一的控制规律；这种使多个刺激被感知为统一整体的控制规律，通常称为群化原则。

1. 相近原则

相互邻近的元素被感知为有内聚力的整体。一般情况下，在一定范围内元素呈均匀分布的平衡态，面对这些均匀分布的散点，人们没有兴趣去多看多想（图4-2）；如果出现了多少不等元素相聚的非平衡态，聚合成群的元素易被感知为整体（图4-3）。但是，建筑物或景观要素之间也并非越近越好，相互间距不仅要考虑采光、通风、日照、防火等功能需要，也要考虑心理因素的影响。

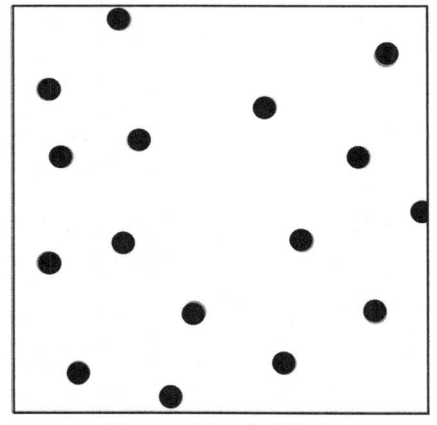

图4-2 均匀分布散点

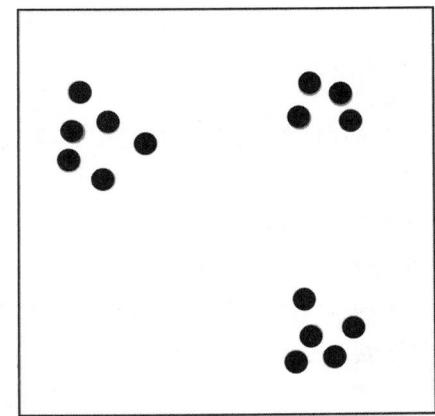

图4-3 相近原则

2. 相似原则

彼此相似的元素易被感知为整体。类似的要素包括大小、质感、色彩、明度、形状、方向等。如果其中一种元素稍有组织，则易被感知为图形，其他元素则被视为背景。黑色的点稍加组织就容易成为图形，白色的点就成为背景，如图 4-4 所示。

3. 连续原则

按一定规则连续排列的同种元素被感知为整体。排列成直线的圆点被看作一条直线而不是多少个点；排列成曲线的小圆被看作一条曲线。连续性是感知对象有序的现象，这样的一组元素不仅远离平衡状态，而且从无序走向有序，产生了组织和结构，所以容易被看作一个有机的整体（图 4-5）。在景观设计时应特别注意景观空间和景观要素的连续性。

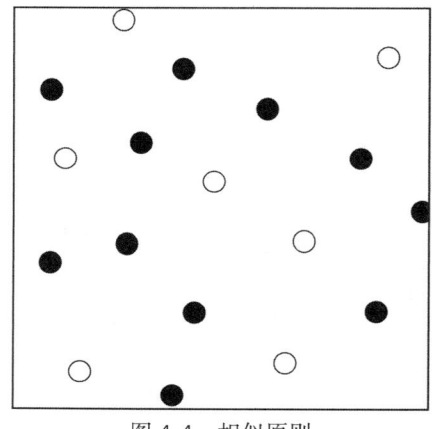 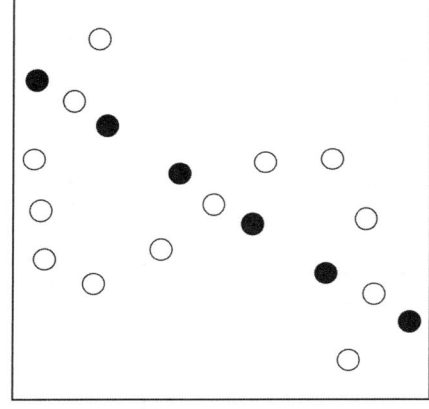

图 4-4　相似原则　　　　　　　图 4-5　连续原则

4. 封闭原则

一个有倾向于完成而尚未闭合的图形易被看作一个完整的图形。如图 4-6 所示，仅看到对称布局的四个直角，就感到由这四个直角所包围的正方形；缺了一个角的三角仍被看成完整的三角形；把并排等距的一组垂直线段两两相对加上横向短线，就会把有四条横线包围的每两条竖线看成一个整体。这些图形虽未闭合，甚至距闭合状态甚远，但其辅助线的倾向引导我们把它们视为整体。这类所感知到的完整图形有时被称为"主观轮廓"。达到这种闭合的效果一般需要两个条件：第一，不完整的视觉对象在完整时呈简单形状；第二，这一简单形状具有某种合乎逻辑的连续性。例如，城市广场四周有相互围合倾向的建筑，被围合的空间往往给人以较强的领域感。如果是住宅区，其中的居民就会因此而加强交往，减少陌生行人的流量，有利于建立居民的控制感、安全感和责任感。

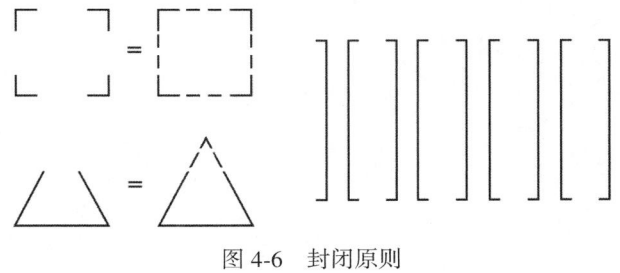

图 4-6　封闭原则

（三）简化原则

心理学家的研究发现，感知对象的知觉组织所需要的信息量越少，那个对象被感知到的可能性就越大，简单几何形体容易被感知为图形就是这一道理。而且，人们在对视觉刺激进行组织时，也喜欢采取尽量减少或简化的方式，使之更加有序和易于理解。

1. 良好完形原则

视觉组织将组成对称、规则、简单形态的一组刺激视为一个整体。一个直角梯形加了一条对角线，仍被看作一个完整的梯形，而不是两个三角形，如图 4-7 所示。

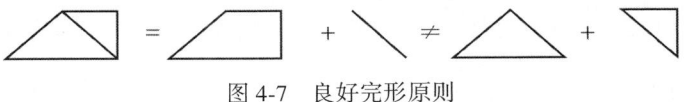

图 4-7　良好完形原则

2. 简洁原则

简洁原则为良好完形原则的深化，指知觉在面对组织空间位置相邻的视觉刺激时具有使对象尽可能简单的倾向，如图 4-8 所示。

格式塔组织原则从理论上阐明了知觉整体性与形式的关系。一方面，由于这些原则出自图形实验，运用时易于掌握、操作和引申，对景观设计具有广泛的影响。但是，上述原则主要适用于二维几何图形和视点静止的三维景观，有时难以对真实环境中的视知觉做出满意的解释。另一方面，由于过分强调直觉，忽视后天经验和文化的影响，因而也难以对个人和人群的知觉差异做出恰当的反应。

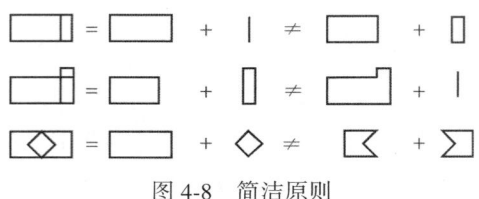

图 4-8 简洁原则

第三节 环境认知

一、环境认知与城市的意象

环境认知就是研究人如何识别和理解环境。心理学家认为，人具有识别和理解环境，包括在环境中定向、定位和寻址的能力。人之所以能识别和理解环境，关键在于能在记忆中重现空间环境的形象。曾经感知过的事物在记忆中重现的形象称为"意象"或"表象"，具体空间环境的意象称为"认知地图"。

美国城市规划师凯文·林奇（Kevin Lynch，1918—1984）教授在他 1960 年出版的《城市意象》（*The Image of the City*）一书中，详细介绍了美国的三个城市，波士顿、洛杉矶和泽西市市民的认知地图，其理论和研究方法被广泛推广应用。凯文·林奇的研究认为，城市意象由五个基本要素组成：路径、标志、节点、区域、边界。

（一）路径

路径（Paths）是运动的通道，如街道、公路、铁路、步行道、水路等连续而带有方向性的交通通道，其他要素沿路径分布。

（二）标志

标志（Landmarks）是具有明显特征而又充分可见的定向参照物，环境中的标志一定是引人注意的目标和醒目的图形。研究证明，无论儿童还是成人，对新环境的熟悉总是从重要标志开始的。标志可以是自然山川、岛屿、大树，也可以是人工建筑物或构筑物。例如在城市环境中，高度可见的电视塔、桥梁、纪念碑、雕塑、造型特殊的建筑、牌楼、喷泉等，都可能成为引人注目的标志。有些特殊的标志，如纽约的自由女神像、旧金山的金门桥、北京的天安门、巴黎的埃菲尔铁塔、悉尼歌剧院、上海东方明珠塔等，还升华为城市或国家的象征。

（三）节点

节点（Nodes）是观察者可进入的具有战略地位的焦点，是行人的出发点和汇集处，通常也是人的活动中心，如交叉路口、道路的起点和终点、广场、车站、码头等。

（四）区域

区域（Districts）具有景观中共同特征的片区，这一共同特征在片区内是共性，但相对于这一空间范围之外来说就成为与众不同的特性，从而使观察者易于把这一空间中的要素看作一个整体。

（五）边界

边界（Edges）是线性的界限，用来划分城市中不同的区域，界定城市与周围环境。但所谓的"线性"并非一条真正的直线或曲线，它可以是海岸这样宽窄不等的轮廓线；也可以是两个区域间的过渡地带；还可以是被人视为边界的道路。边界包括河岸、路堑、围墙等不可穿越的障碍，也包括树篱、台阶、地面质感等示意性的可穿越的界线。

认知地图来源于对环境的感知和体验，具有直觉性和形象性，性别、年龄、经验、职业、文化、经济、活动模式等的不同，造成了认知地图的差异。例如，人们所意识到的路程长短（即认知距离或主观距离）与实际距离不一定相同，如在实际距离相等时，熟悉地点比不熟悉地点的认知距离更近；水平距离比垂直距离近，而且楼层数越高，认知距离与实际相差越大。

认知地图可以帮助人们理解自己和环境的关系，确定目标的空间方位、距离，寻找到达目标的路径，并建立起个人对环境的安全感和控制感。在景观设计时，清晰的景观认知地图有助于参观者进行有效的公共活动和社会交往，从而更好地认知和使用空间。

二、易识别性与景观环境设计

我们常用"易识别性"来表示观察者对城市结构模式的识别。如果人们很容易判断城市中心的大致位置、指出主要交通线的方向、了解自身所处的方位并找到要去的目的地，这个城市就是容易识别的。处理好五个基本要素就有利于形成凭直觉迅速判断的环境意象，使环境变得易于识别。

（一）从整体着手构成景观

1. 保持区域景观的特色

加强某些区域景观的独特性，不仅可提供丰富复杂的体验，而且对易识别性也具有重要的影响。

2. 登高望远

登高望远的制高点既是眺望周围环境的观景点，又是行人识别环境的标志，换句话说，既可观景又可点景。从人的视觉特点来看，这些制高点相互距离不宜过远。一般超过1200m就无法识别远处的人影，而人的空间知觉的距离上限为500m，因此，两个制高点之间的距离以1000m左右较为适宜。

3. 中心标志物

在环境大致适中的位置（这个位置可以是构图的中心，而不需要是几何中心）设置中心标志物，容易形成视觉的中心，对方位知觉具有重要的意义，同时也能对环境整体起到一定的控制作用。

（二）运用注意规律组织景观

注意是一种心理活动，包括知觉活动的指向和集中。它具有对象的选择性和意识的集中性两个特征。在景观设计中，适当运用注意规律，能够改善景观的易识别性。

1. 道路和标志

行人沿着道路行进时，各类的标志物对步行起着引导作用，同时也满足行人边走边看的行为习性，并能够使人通过对标志物的注意而识别环境。从步行行为来看，人步行时总是喜欢浏览前景，注意寻找某一标志物作为中间参照，然后大致呈直线走向这一目标。当接近这一标志物时，又自然而然地选择下一个标志物为另一个参照目标。由于目标不断地变化，因而在没有人行道限制时，步行轨迹将成为弯曲的曲线，如图4-9所示。标志物的自然导向确定了人步行的大致方向，人们可以不必边走边考虑行进的方向，从而有时间交谈、思考并感受环境的气氛。一般情况下，人轻松步行的最远距离为200~300m，因此每隔相应的距离设置一个（组）清晰的标志物，就会格外引起行人的注意。标志物可以布置在道路的一侧、横跨道路，或是与道路相对，成为对景的位置上。

2. 视阈与注意的广度

人的眼睛以大约60°顶角的圆锥为视野范围，超出此范围，色彩、形状的辨认力都将下降。在头部不转动的情况下能看清景物的垂直视角为26°~30°，水平视角约为45°，凝视（熟视）时的视角为1°。

为了获得较清晰的景物形象和相对完整的静态构图，应尽量使视角与视距处于最佳位置。通常垂直视角为26°~30°，水平视角为45°时，观景效果较好。若假设景物高度

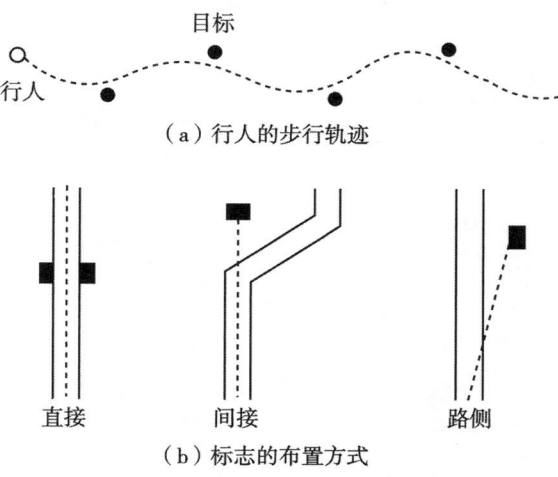

(a) 行人的步行轨迹

直接　　　间接　　　路侧

(b) 标志的布置方式

图 4-9　道路与标志物的关系图

为 H，宽度为 W，人与景物之间的距离为 D，人的视线高为 h，则最佳视距与景物高度或宽度的关系可用下式表示：

$$D_H = (H-h) \cot (\alpha/2) \approx 3.7 (H-h),$$
$$D_W = (W/2) \cot (\beta/2) \approx 1.2W。$$

其中：α 为垂直视角；

β 为水平视角；

D_H 为垂直视角下的视距；

D_w 为水平视角下的视距。

最佳视阈可用来控制和分析空间的大小与尺度、确定景物的高度和选择观景点的位置。景物高度 D 和人与景物之间的距离 H 的比值关系：当 $D:H=1$ 时可以观察景物的细部；当 $D:H=2$ 时，可以观察景物的整体；当 $D:H=3$ 时，可以观察景物整体与周边环境，如图 4-10 所示。

注意的广度也称为注意的范围，是指同一时间内所能清楚掌握的对象的数量。经相关研究表明，人的注意力涉及的范围为 7 个，超过这一数字，数量越多，人们对数量估计的误差就越大，并且一般倾向于把数量估计得偏少。对于景观设计来讲，可以把设计对象设定为 6~7 个，一旦对象数量超过这一限度时可以采用分组的方式，形成组团式布局。

3. 第一印象

起始刺激容易引起人的无意识注意，也就是说第一印象特别容易为人所感知，通常

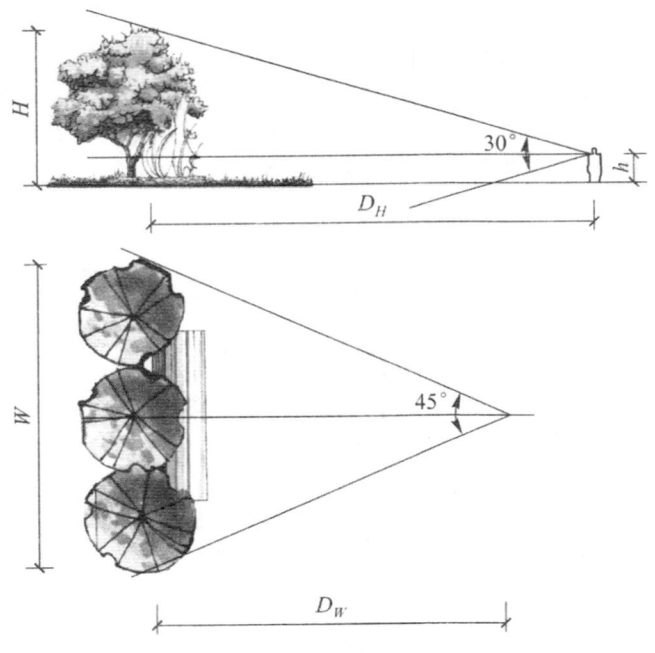

图 4-10 最佳视角和视距与景物的关系

也保留最久。设计时，我们应强调城市、风景区、公园等景观给人的第一印象，如对入口（景观序列的开始）进行重点处理，常常格外引人注目。这类重点处理在心理上具有多重意义：它标明了领域的入口和界限；反映了领域的人格化倾向；具有象征意义并形成强烈的起始刺激，从而成为识别整个环境的标志和起始点。

（三）根据识记特点设计景观

1. 共性与个性

经验证明，既有共性又有个性的一组对象最容易识别。一个园区的入口，要有共同的特征，如统一的色彩、标识、材质、结构等，但入口的附属景观要各有特色，人们在形容某个入口时可以说"外面有花坛的那个""旁边有红色雕塑的那个"。一组入口应具有某种共性，才能先区分组与组，然后再区分个与个。

一般来说，这些个（共）性变化必须达到一定程度，才能引起人们的注意并便于识记。相对来说，色彩、形式、质感、肌理、入口处理、特征性树木、地形等方面的变化尤为重要。

2. 无意识识记

人对某些对象没有主观地去记忆，也没有努力去加以识别，只因对象本身的吸引力，无意间就注意到了，在潜移默化之中，自然而然地记住，事后可以回忆起来，或看到后能再认出这些对象，称为无意识识记。无意识过程中记住的事物可经久不忘。一般符合人的兴趣、能激起情绪的对象容易使人产生记忆。如高大的雕像、美丽的花园、供人嬉戏的喷泉水池等都有助于对景观环境的识别；相反，不毛之地、千篇一律的沥青路、火柴盒式的建筑，既不令人产生兴趣，又不能引起人们的注意。

3. 其他识记特点

起始刺激和最后刺激更引人注意，也更易于识记，如同背诵一篇文章，开头和结束部分，总是不容易忘记。一般交叉路口、靠近边界的景观（标志物）比较容易识记。

此外，路牌、地图等指示标志的设置固然必要，但是不能以此作为识别景观的主要手段，而应依靠景观意象去识别环境。易识别的景观环境有利于形成清晰的景观意象，有助于定向、定位、寻址和交往；令人情绪上感到安全和安定，减少因方位混乱而产生的精神压力。总之，景观环境越容易识别，景观意象就越清晰，行为就有了依据，对景观环境的比较、评估乃至欣赏就有了基础。

第四节 空间行为

空间行为（Spatial Behavior）是透过现象研究人使用空间的固有方式，即人如何使用空间作为人际交往的手段，并通过这方面的研究进一步揭示人使用空间时的心理需要。个人空间、私密性和领域性是这一课题所研究的基本内容，三者相互联系又有所区别。

一、领域性和领域

（一）领域性的含义

领域性（Territoriality）是个人或群体为满足某种需要，拥有或占用一个场所或一个区域，并对其加以人格化和防卫的行为模式。该场所或区域就是拥有或占用它的个人或群体的领域（Territory）。

（二）领域的类型

根据领域对个人或群体生活的私密性、重要性以及使用时间长短的不同，阿尔托曼将领域分为主要领域、次要领域和公共领域三类。

1. 主要领域

主要领域（Primary Territories）指使用时间最多、控制感最强的场所，包括居室、办公室等，对使用者来说是最重要的。主要领域为个人或群体独占或专用，并得到明确公认和法律的保护，外人未经允许闯入这一领域被认为是侵犯行为，当对使用者构成严重威胁时使用者可以采用武力保卫。

2. 次要领域

次要领域（Secondary Territories）对使用者来说不如主要领域那么重要，不归使用者独占或专用，使用者对其控制感也没有那么强，属半公共性质，是主要领域和公共领域之间的桥梁。次要领域一旦被某些人长期占用，则可能变成半私密领域而被占用者控制。如住宅前的空地，一旦被居民私自改为菜园，便被认为是其个人所有。

3. 公共领域

公共领域（Public Territories）是可供任何人暂时或短期使用的场所，当然在使用中不能违反相关的规章制度。公共领域场所一般包括广场、海滨、公园、街头绿地及步行商业街等。在这些领域中，当使用者暂时离开时该领域被他人占用，原使用者返回后一般不会做出什么反应。但如果公共领域频繁地被同一个人或同一个群体使用，最终它很可能变为次要领域。例如学生常常在教室选择同一个座位，晨练的人群常常在公园中选择固定的场所，若这一位置或场所被他人或其他群体占用，则会引起原使用者不愉快的反应。

（三）领域的主要功能

1. 提供安全感

领域的边界，尤其是城墙、院墙等物质边界，起着维护领域、加强安全的作用；领域的扩大部分，如宅前的花园，能对侵犯起到某种缓冲作用。

2. 提供控制感

领域有助于私密性的形成和控制感的建立。

3. 加强认同感

领域能加强占有成员从属于同一空间范围的认同感，进而促使其积极参与该领域的管理和建设。

(四) 外部公共空间的领域性

在外部公共空间属于公众而不属于某一个人或群体，因此，所发生的领域行为与所有权基本无关，具有一定的特殊性。如广场、公园、绿地等休闲场所，尺度相对较大，大多露天开敞并可自由出入。

1. 领域的形成

在外部空间中个人单独活动易受外界干扰，通常，只有当一群人从事相同的活动时，才有可能在一定区域保持明显的领域性。因此，外部空间中的领域主要与群体活动有关，时空范围相对固定，成员大体类似；群体成员从事同一活动，或围绕同一主题从事各种活动。例如，在街头绿地中，不同的人群会倾向于占据不同的领域空间，恋人偏爱树枝低垂所形成的私密空间；老年人喜爱偏安一隅的廊架，可从容打牌、交谈而不受穿行人流的干扰。

2. 领域的巩固

领域的巩固通常有两种方式：吸引他人被动参与或是用含蓄的方式主动保卫。

被动参与常表现为近距离围观、旁听、动作反应等。被动参与既反映出人们对公共性和复杂性刺激的追求，又反映出保持相对私密——保持与他人的距离的需求。这类"看热闹"现象（人的天性）普遍存在于各类外部空间之中。被动参与可保持相对稳定，也可以变为主动参与，或是拉大与主动活动者的距离，甚至离开。

外部空间中，对领域的公开侵犯多半来自青少年。常见的直接侵犯方式有占座、挤压等；间接侵犯有偷看、偷听、跑动、打闹、大声喧哗等。领域的保卫者常用眼神、语言、动作进行暗示，不大采取激烈的行动。

(五) 外部空间领域设计的一般原则

1. 空间区分

为了满足人对领域性的需求，可在景观设计前进行调研，然后根据调研资料和空间特点，在设计中预先假设不同群体偏爱占有的景观空间位置。由于种种原因使假设不能实现时，设计中应尽可能设置一些大小形状、限定条件、开敞程度不同的空间，供不同群体自行选择适合于自身的领域。

2. 领域入口

通常，领域入口和边界处理是具体领域设计中的关键。在风景区等大尺度景观环境中，领域边界通常掩蔽于山林之间，难以感知，因而入口远比边界重要。在小尺度环境中，入口与边界的协同作用可使人感知到环境的变换。

3. 领域的边界

边界限定了景观空间范围，提示领域的占有程度并为占有者提供安全感。因此边界的形成在巩固领域中起着重要的作用。在景观设计中，宜采用物质性偏弱的边界。一般来说，矮墙、花架、灌木、绿篱等相互结合而形成的混合边界更符合人的行为特点：有所庇护而不受约束；相互涉及但又不过分亲密；少受干扰却又始终保持与周围的视听联系；可以保证不同领域既有所区分又有所融合。

二、个人空间与人际距离

在人与人的交往中，无论陌生人之间、熟人之间还是群体成员之间，保持适当的距离和采用恰当的交往方式十分重要。过于接近或热情会把别人吓跑，过分冷漠也令别人难以接受。

（一）个人空间

个人空间像一个围绕着人体的看不见的气泡，腰以上部分为圆柱形，自腰以下逐渐变细，成圆锥形。这一气泡随人体的移动而移动，依据个人所意识到的不同情境而胀缩，是个人心理上所需要的最小的空间范围。

个人空间起着自我保护作用，是一个针对来自情绪和身体两方面潜在危险的缓冲圈，以避免过多的刺激导致应激的过度唤醒，私密性不足，或身体受到他人攻击。

其实一个人在侵犯他人个人空间的同时，他自己的个人空间也被别人侵犯，因此侵犯别人的人自己也会感到不自在。进一步的研究显示，人们也忌讳穿越正在交谈的两人空间，尤其是男女交谈的两人空间；如果是两位女性则稍好一些；顾忌最少的是两位男性。穿越两人空间的人在行为上常常表现出不安，他们低着头，目不斜视，并低声道歉。如果只有两个人站在那里，对别人的穿越影响不大，当两个人离开 1.2m 以上时，穿越的人就会增加。

群体的大小也影响个人入侵的倾向。一般来说，人们更不愿入侵正在交谈的群体的个人空间，四人群体比两人群体的影响更甚。看来正在交谈的群体的社会密度显示了群体本身的凝聚力，自然要受到别人的尊重。人们也更不愿侵犯社会地位高的群体空间，这可以从群体成员的年龄和衣着显示出来。所以步行者距群体成员一般比距单独的个人更远。

（二）人际距离

人与人之间的距离决定了在相互交往时何种渠道成为最主要的交往方式。人类学家霍尔将人际距离概括为四种：亲密距离、个人距离、社会距离和公共距离。

1. 亲密距离

亲密距离（Intimate Distance）指 0~0.45m，小于个人空间，可以互相体验到对方的辐射热、气味的距离。在近距离时发音易受呼吸干扰，触觉成为主要交往方式，适合肢体接触，这在亲密伴侣间的交往中是可以接受的，而在其他情况下就可能让人不适。

2. 个人距离

个人距离（Personal Distance）指 0.45~1.20m，与个人空间基本一致。超过这一距离的上限（1.20m）就很难用手触及对方，因此可用"一臂长"来形容这一距离。处于该距离范围内，能提供详细的信息反馈，谈话声音适中，言语交往多于触觉，适用于亲属、师生、密友握手言欢、促膝谈心，或日常熟人之间的交谈。

3. 社会距离

社会距离（Social Distance）指 1.20~3.60m，这是在大多数商业活动和社交活动中所惯用的距离。在眼睛垂直视角60°的视野范围内可看到对方全身及其周围环境，这就是试衣时常说的"站远点，让我看看"的距离。这一距离常用于非个人的事务性接触，如同事之间商量工作。远距离还起着互不干扰的作用，即使熟人在这一距离出现，坐着工作的人不打招呼继续工作也不为失礼；反之，若小于这一距离，即使陌生人出现，坐着工作的人也不得不招呼问询。

4. 公共距离

公共距离（Pubic Distance）指 3.60~7.60m 或更远的距离，这是演员或政治家与公众正规接触所用的距离。此时无细微的感觉信息输入，无视觉细部可见，为充分表达，需要提高声音、语调郑重、遣词造句多加斟酌，甚至采用夸大的非言语行为（如动作）辅助言语表达。

三、私密性

（一）私密性和公共性

私密性具有四种基本作用：使人具有个人感，可按照自己的想法支配自己的环境；在他人不在场的情况下充分表达自己的感情；使人进行自我评价、闭门自省其身；私密性具有隔绝外界干扰的作用，同时又能使人在需要时保持与他人的接触。

人不仅具有生物性一面，而且还具有社会性一面，因此人还需要公共性，即需要参与公共活动和相互交往。

阿尔托曼认为，独处是人的需要，交往也是人的需要，人们可以通过多种方式表达这些需要，包括言语表达和非言语表达。什么时间、在什么地方、独处还是交往、和什么人在一起、以什么方式交往，这要取决于性别、年龄、社会角色、心境、场合等多种因素。一般情况下，人们主观上总是努力保持最优私密性水平。

（二）私密性与环境设计

私密性的关键在于为使用者提供控制感和选择性，这就需要从空间的大小、边界的封闭与空间的开放程度等方面，为人们的离合聚散提供不同的层次和多种灵活的空间选择的可能。

1. 形成独立空间

形成视听隔绝是获得外部空间私密性的主要手段。在视觉方面，在较大尺度的景观空间，多采用绿带、假山、石壁、微地形等障景处理，不仅可形成相对独立的私密空间，而且有助于保持区域的私密和安静；对于较小尺度的景观空间，视觉遮挡的主要手段为绿篱、树丛、花带等自然要素及矮墙等人工小品。在听觉方面，微地形、围墙、密林等物质性较强的实体可用于隔绝噪声；同时，水体流动或撞击所产生的水声也有助于创造相对私密的空间。

2. 提供控制

保持视听单向联系。即视听屏障尽可能具有单向的可穿透性，也就是需要看人而不为别人所看，山石、树丛、绿篱、矮墙、漏窗等都能较好地满足这一要求。

设置过渡空间。过渡空间也能起到这种控制作用，可称为半公共或半私密的空间，能对外来干扰或闯入起到一定的缓冲作用。

留有退路或余地。景观空间中的私密活动易受外来干扰，建议用于私密活动的空间应留有退路或余地，以便确保安全、避免干扰和及时转移。退路应避开干扰人群或干扰性活动，以免引起摩擦和不快。

四、景观空间中人的行为习惯

人的生物特性、社会属性、文化属性与特定的物质和社会环境长期、持续和稳定地交互作用的本能被称为人的行为习性。人的某些行为习性几乎是动作者不假思索做出的反应，也有些是后天习得的行为反应。

（一）人的行为习性

1. 抄近路

为了达到预定的目的地，人们总是趋向于选择最短路径，这是因为人类具有抄近路的行为习性。景观设计时，要充分考虑这一习性。

2. 识途性

人们在进入某一场所后，如遇到危险（如火灾等）时，会寻找原路返回，这种习性称为识途性。因此，在设计安全通道或安全出口时，要尽量设在入口附近，并且要有明显的位置和方向指示标记。

3. 左侧通行习性

不同国家对通行的方向有不同的规定。在中国，制度规定靠右侧通行；而在日本和一些欧洲国家，却是靠左侧通行。当人们对某一区域不大熟悉时，一般会无意识地趋向于选择左侧通行。这可能与人类利用右侧优势而保护左侧有关，这种习性对于景点的规划顺序有重要指导意义。

4. 左转弯习性

人类有趋向于左转弯的行为习性，在公园散步、游览的人群的行走轨迹可以显示这一习性。这种习性对于景观道路、避难通道设计具有指导作用。

5. 聚集效应

"看人也为人所看"在一定程度上反映了人对于信息交流、社会交往和社会认同的需要。通过看人，可以满足人对于信息交流和了解他人的需求；通过为人所看，则满足希望自身为他人和社会所认同的需求；通过视线的相互接触，也能加深相互间的了解，为进一步的交往提供了机会。

6. 依靠性

观察表明，人总是偏爱逗留在柱子、树木、墙壁、建筑小品等的周围。观察广场上停留的人群，大部分人喜欢选择视野良好、较少受到人流干扰并有所依靠的座位。因为这类场所提供了可进行观察、可选择做出反应、如有必要可进行防卫的有利位置，而且提供了一个防卫空间，使人免受伤害。

7. 从众性

从众性是个人受到外界人群行为的影响，而在自己的知觉、判断、认识和行为上表现出符合于多数人的行为方式。通俗地讲就是"人云亦云""随大流"。在景观设计时，正确的行为引导非常重要。

（二）行为习性的差异

虽然人们的某些行为习性带有一定的普遍性，但在现实生活中，不同情境、群体和地域文化中的行为习性存在明显的差异。

1. 情境差异

现代人，尤其是青年人，在商业街、公园、广场等情境中，为了寻求更为丰富和复杂的信息，往往更偏爱"不走回头路"。即使不明确要去的目的地，仍不大可能沿原路返回。因此，"识途性"更多地表现在灾变事件等特殊情境之中。

人在特殊情境中往往具有特殊的行为习性。在现实中，越是维护良好的环境越是为人们所爱护，这就是"红地毯"效应，没有人愿意往美观整洁的红地毯上吐痰；反之，越是受到污损的环境越易被人们污损，可称为"垃圾桶"效应，在垃圾桶周围总是倒有很多垃圾。

2. 群体差异

一方面，同一行为习性在不同群体中存在明显差异。例如，不同年龄段的群体对"聚集效应"的这一行为习性的表现也有所不同，老年人喜欢主动看一切可看的事物，并不太在乎是否为人所看。学前儿童往往更主动地为人所看，甚至在客人或家长面前主动表现自己。

另一方面，不同群体常常具有自己独特的行为习性。例如儿童尤其是学龄前儿童，往往运用触觉感知外部环境；表现出好摸、好动、好探索以及偏爱小空间（即"猫儿洞"习性）等独特习性；老年人喜欢跟人交流，偏爱扎堆、看街景、聊天，以充实生活。

3. 文化和亚文化差异

人类学家爱德华·霍尔经过多年的考察，研究了若干行为习性的文化差异。例如德国人不习惯在公共距离范围之内注视他人，认为这是一种侵扰行为。因此，在德国的公共场所，未经允许进行拍摄，可能会导致与被拍摄者之间的冲突。

行为习性不同于空间行为中的私密性、个人空间和领域性等概念。大致说来，后者是人在使用空间时的基本心理需求，是人的生物性和社会性需求相结合的产物，可能因时代、群体和文化而改变其部分内容或程度，但并不改变其实质，同时，这些基本心理需求带有普遍性。行为习性则是人在空间活动中带有一致性的活动模式或倾向，是部分人的生物、社会或文化属性与环境长期相互作用的结果，可能因时代、群体和文化的改变而完全改变，甚至消失，仅具有一定程度的普遍性。

　　基于行为考虑的景观设计应合理满足人的行为习性，设置有利于公众接触和交往的景观空间，保障使用的安全、易于到达和通过，同时设有供人逗留的空间和相应的休息、服务设施。为了满足不同活动、不同使用者的需要，景观设计应尽可能提供一系列私密性（公共性）不同的空间，形成明确的层次；在私密为主的空间中要保持视听联系的渠道；在公共为主的空间中应设置半公共（私密）的场所，形成相对隔离的小空间和半公共、半私密的过渡空间。

思考题

1. 在景观设计中是景观环境决定人的行为，还是人的行为决定景观环境呢？
2. 人们如何认知景观环境？
3. 人有哪些行为习惯？
4. 在景观环境中常见的空间行为有哪些？

第五章 景观空间设计原理

第一节 景观形态要素与形式美

视觉有三要素,即形觉、光觉和色觉。各种形状都能概括为简单的几何形状,即基本形。在进行景观设计时,应先着眼于它的基本形构图,然后再细细琢磨,这样才能把握大的印象,在总体上不易失败。光觉和色觉是从生理反应开始的,主要基于明暗处理和色彩。

一、点线面体

点,一个简单的圆点代表空间中没有量度的一处位置。

线,当点被移位或运动时,就形成了一维的线。其特征如下:长度、方向、位置。

面,当线被移位时,就会形成二维的平面,但仍没有厚度。这个表面的外形就是它的形状。其特征如下:长度和宽度、形状、表面、方位、位置。

体,当面被移位时,就形成三维的形体,点、线、面、体的关系如图 5-1 所示。形体被看成实心的物体或由面围成的空心物体,形体的基本特征有长度、宽度、深度、形式、空间、表面、方位、位置等。

(一)点

一个点是形式的原生要素,它表示在空间中的一个位置。在空间中,点是形象最初的源头,是空间最重要的位置。点有两种,视觉中心点和透视消失点。视觉中心点分为注目点和标志点。注目点是在人的定向视野内,是人认知环境的开始。标志点是场所、领域、空间中起着控制作用的视觉中心、引导人视线的焦点。

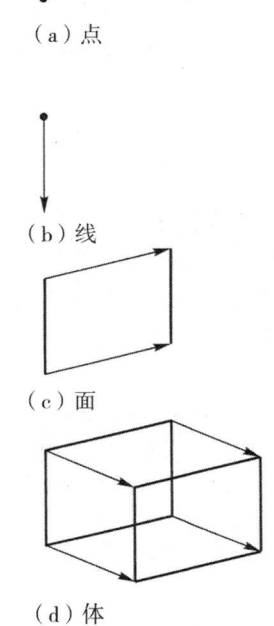

图 5-1　点、线、面、体的关系

（二）线

点的运动轨迹形成线。一条线的方位或方向，可以在视觉构成方面起作用。垂直线可以表现重力或平衡状态，也可以用来限定某个空间范围。水平线可以表示稳定、地平面、地平线等。偏离水平或垂直的线为斜线，可以看作倒下的垂直线或在升起的水平线，呈现动态。在不平衡的情况下，斜线在视觉上成为动感的活跃因素。在设计中，一条线可以作为一个设想中的要素，而不是实际可见的要素，例如轴线、动线。

线是造型中最基本的要素，两点之间连接生成线，同时它是面的边缘，也是面与面的交界。在景观设计造型里，线的所有种类都可以放映在各部结合处。许多景观设计不同程度地表现出线的形态，如景观的视觉导线、人流路线、中轴线等。

（三）面

面是线平移而产生的。面对空间的限定可以由地面、垂直面、顶面来实现。对于景观设计而言，空间界定主要由地面和竖向平面完成，偶尔用到顶面。地面是景观设计中一个重要的设计元素，它的形式、色彩、质感将决定其他元素。地面材料的质感和密度也将影响到人通过其表面的方式。垂直面，如景墙、绿篱、树林等，决定空间的联系程度，它的形式在很大程度上影响景观的总体形式。

同时线的空间运动也会产生曲面。如果面在空间中流动延伸，在视觉上则表现为曲面，在景观设计中应用得越来越多。它能丰富整体效果，改变由单一平面造成的单调、呆板的气氛。

（四）体

一个面的移动轨迹形成了体。所有的体都是由点、线、面组成。点（顶点），几个面在此相交；线（边缘），两面在此相交；面（表面），体的界限。一个体可以是实体，即体量所置换的空间；也可以是虚空，即由面所包容或围起的空间。

二、形

（一）几何形体

1. 正方形

正方形是景观设计中最简单也是最基本的图形。正方形是一种静态的、中性的形式，没有主导方向，但是当立在它的一个角上的时候则具有动态。正方形可以衍生出矩形。

2. 三角形

三角形兼容性差、有明显的方向性、动感强烈、有力而且尖锐，能创造出一些出人意料的造型效果，给人以惊喜。三角形可以衍生出两种特殊的直角三角形，其一内角分别为45°、45°、90°；其二内角分别为30°、60°、90°。

3. 圆

圆有简洁、统一、整体的魅力。圆给人以完满、柔和的感觉，也具有运动和静止的双重特性。圆形是一个集中性、内向性的形状，通常在它所处的环境中是稳定的和以自我为中心的。圆可以衍生出椭圆、螺线等。

椭圆可以看作被压扁的圆。它与圆形相比更有动感、流动而跳跃，但仍有严谨的几何形式感。

4. 规则的形成和不规则的形式

规则的形式是指这些形式的各个局部之间的关系是以一种有秩序的方式来组成的。一般在性质上呈稳定状态，并以一条或多条轴线对称。

不规则的形式是这些形式的各个局部在性质上都不相同，彼此之间的关系并不是前后一致地组织起来。它们一般是不对称的，比规则式更富动态。规则式可以存在于不规则式之中；同样，不规则的形式也可以被规则式包围。

（二）抽象的自然形

1. 蜿蜒的曲线

河流平滑的曲线是蜿蜒曲线的基本形式，由一些逐渐改变方向的曲线组成。蜿蜒的曲线是景观设计中应用最广泛的一种自然形式。它的方向性并不明确，力度也不够，但是却显得柔和。它能缓和人们的紧张情绪，给人以舒适感。在功能上，蜿蜒的形状是设计一些景观元素的理想选择。

平滑的曲线有多种形式，可环绕成封闭的曲线。封闭的曲线在景观设计时，能作为草坪的边界、水池的驳岸等。封闭的轮廓能形成有效的图形意识，曲率和角度急剧变化会带来戏剧性效果。这些形式赋予空间松散、非正式的气息。

2. 自由的螺旋形

螺旋形由一个中心逐渐向远端旋转而成。将螺旋形反转可以得到其他形式的图形；以螺旋线上的一点为轴进行旋转会产生一种强有力的效果；把部分螺旋形和椭圆结合在一起，可以创造出有层次的景观空间。

3. 不规则的多边形

不规则的多边形以松散的、随机的特点使它有别于一般几何体，其不规则的角度可以创造出充满激情的景观空间效果。

（三）自然形

自然界中存在一些软质的、不规则的形式。这些自然的线性因素并不是随意的，在这些繁多的形式背后隐藏着一种可见的序列，这种序列是自然机体对生态环境的变化和水系、土壤、微气候、火灾、动物栖息地等不确定因素的反应的结果。它描绘的是地形和自然生态关系，具有多样性、丰富性和内在的合理性。

（四）形式的变化和几何形式的叠加

1. 形式的变化

本体的一种形式，可以用改变一个或多个量度的方法来进行变化，同时能保持本体的本性。例如一个立方体，可以变化其高度、宽度或长度，使其变形为其他的棱柱形式，压缩成面、拉伸成线……

本体的一种形式，还可以用削减其部分体积的方法来进行变化。根据不同的削减程度，形式可以保持本体原来的本性，或者变化成为其他的形式。

本体的一种形式，还可以用增加其他要素的方式来变化，这一过程的性质，将确定它是保持还是变化本体原来的形式。如图5-2所示。

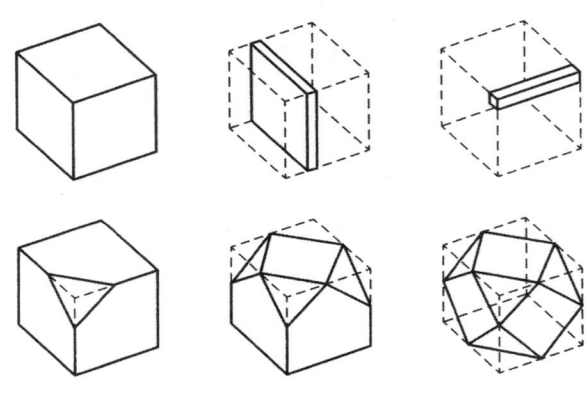

图 5-2　形式的变化

2. 几何形式的叠加

当几何形式不同或方位不同的两个形式彼此的边界互相碰撞或互相贯穿的时候，每个形体将争夺视觉上的优势和主导地位，在这种情况下，可演化出以下的形式：两种形式可能失掉它们各自的本性，合并到一起创造一个新的构图形式；两种形式中的一个，可以将另一个完全容纳在它的体积之内；两种形式可以保持它们各自本性并且共有它们相贯穿部分的体积；两种形式可以分离开，并用第三要素联系起来，这第三要素要与原先形式之一的几何形式相呼应。

三、色彩

色彩是景观设计基本的造型要素之一，它能赋予形体鲜明的特征。

景观设计应注重色彩配置的设计和研究。虽然，在景观的配色控制上，不一定在任何时候都必须是同一色调的调和或相似，但是，在色调、明度、纯度的把握上都应保持与环境色调的协调关系，讲究色彩间的平衡、层次，避免突变。景观色彩的设计往往强调整体，以某一色系为主，形成统一的色调，这种色调本身富有控制性，同时也比较脆弱，需要装饰性的色彩进行局部点缀，但是装饰色不能喧宾夺主。景观色彩，还会随季节、时间的变化而变化。

四、肌理

肌理是感性很强的元素，一般表面肌理分两种，一种是触觉的，即上面的纹理能用手触摸分辨，或者说看到的形象与摸上去的感觉一致或完全相反；另一种是纯视觉的，即表面光滑，看上去光亮程度如何，色调如何，图案形状又如何，如光滑的混凝土墙、粗糙的树篱、波浪形的树木、清水石墙、透明玻璃……这些不同的材料肌理均影响空间的感受。在进行肌理设计时，首先是材质的选择，了解材料的物理性能；其次是材质的安排，什么距离可以看清楚材料的肌理，选择适于不同观察距离的材质，这样可以有效提高景观空间质量。

第二节　景观视觉形象的审美特性

一、视知觉

人的大脑通过感觉器官对外部环境信息的接收和处理是一系列复杂的过程，最终形成了环境知觉。环境知觉是一种解释环境刺激信息从而产生意义的过程，是人脑对于直接作用于它的客观事物各个部分及其属性的整体反映。通过格式塔心理学的验证，视知觉并不像我们想象的那么简单，相反，它是具有一定客观规律性的，这些客观规律作用于每一个视觉正常的人。

一般来讲，我们的知觉系统可以相当真实地反映客观世界，使人们看到真实的外在环境。然而，有些时候也会出现补偿错误，这就是知觉错觉，如对远近、大小、形状等刺激特征的错误知觉。根据刺激特征的不同，错觉种类有很多。可以归纳为三大类别：几何错觉、比色错觉、运动错觉，如图 5-3~图 5-7 所示。错觉在日常生活中较少发生，然而，在景观设计中，可以利用错觉建立特殊的景观空间。

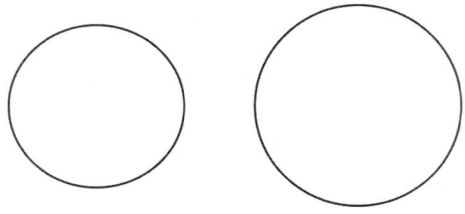

图 5-3 视知觉的简化特点，趋近于正圆的椭圆会被认为是正圆

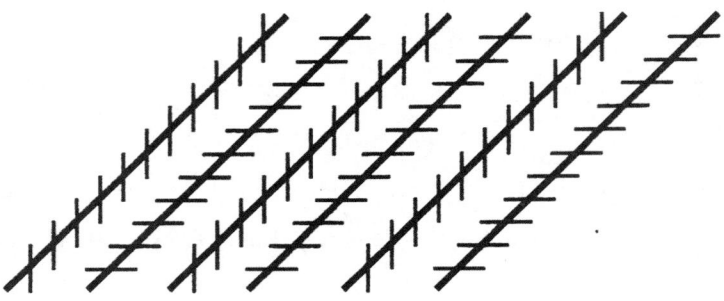

图 5-4 佐尔纳错觉（斜线实际上都是平行的，但看起来并不平行）

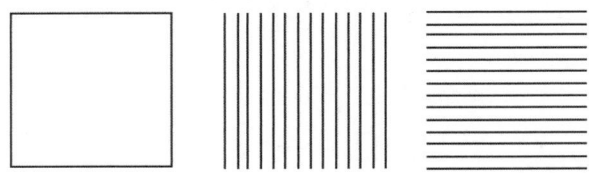

图 5-5 在赫姆霍兹错觉中，内部有分割线的正方形看起来更大些

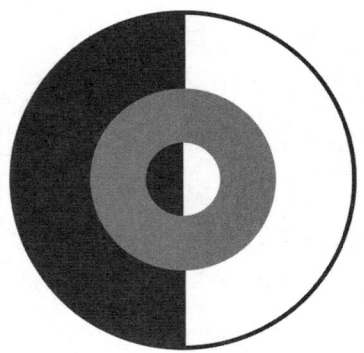

图 5-6 同样的灰色在黑、白背景下灰度有较大变化

图 5-7 赫尔曼方格中，白线交会处会出现灰色暗区

二、景观的审美特性

（一）景观可识性

景观的主要功能是向受众传达各种信息，因而，景观需要给人以清晰的形象，易认、易懂，才能更有效地表达内容和意念。景观与人之间如果缺乏知识的和现实的联系，人在景观中就感受不到人文关怀，会感到虚无和遥远，也就很难获得景观的美感认同。

（二）景观多样性

景观多样性指景观在类型、结构、功能和时间方面的多样化和变异性。
（1）类型多样性：自然旅游景观，人文旅游景观，综合景观。
（2）结构多样性：任何景观都不是孤立存在的，主景、辅景和背景各要素组成其结构，在不同地点和时间产生差异，即多样性。
（3）功能多样性：不同的景观具有不同的功能。
（4）时间多样性：同一景观在不同的季节会有很大变化，即便是同一天，因为早、中、晚的光线不同也会有所变化。

（三）景观综合性

景观综合性是说任何景观都不是孤立存在的，而是多种要素有机组合构成的一种景观综合体。城市景观是人工为主导创造的景观综合体；乡村景观是人利用自然条件并按照人的意志改造的乡村景观综合体；热带雨林是在纯自然条件下发育的具有复杂结构的自然综合体等。综合性是一种稳定的景观结构，在其内部与外部的物质、能量和信息平衡的状态下保持相对稳定的系统状态。

（四）景观地域性

不同地区的自然地理条件形成不同的自然景观。人的活动形成了适应自然的环境，其创造性的建设在自然因素的影响和制约之下进行，导致人类文明发展的不同，形成了多彩的文化景观。"百里不同风，千里不同俗"充分说明了文化景观地域的特点。

（五）景观的稳定性与变异性

景观的稳定性是指在一定的自然地理背景和社会经济条件下，景观在相当长的时期内保持不变的特性。不变是相对的、整体层面的；局部或系统内部总是在随时间不停地运动变化的，如季节变化、动物群的迁移和内部食物链的变化、植物群落的演替、人类的生产活动等。但局限于一定时间和地段里，从长时间和整体性来看，总体上是平衡的。

景观的变异性是指一种景观随时间变化发生的不可逆变迁。变异是绝对的、经常的，下一次变化没有绝对的重复和演变。

（六）景观的可利用性

从主体角度看，景观都有被利用的功能，都是人类获取物质或精神能量的源泉。这种价值是被观赏、体验和理解的景观环境价值。

审美主体对景观价值的认知影响景观的可利用性。一些人认为重要的，另一些人认为未必重要；一些人认为美，另一些人未必认为美。

第三节　景观空间的处理手法

一、景观空间的界定

要创造一个有意义的景观空间，景观空间的围合必须明确，因为围合的形状、大小、特征会决定一个空间的特性。空间的围合由三个要素构成：底面、顶面和垂直面。

（一）底面

底面决定一个场地的用途。底面本身的地势、形态又会对人的感受产生本能的影响，比如地面的高低起伏、场地的形状都可以为景观要表达的意境提供天然的基础，而底面的材质的区分又将不同的功能组合在一起，达到我们想要的用途。比如在道路的规划中，底面不同的材质代表了功能的不同，沥青是车行道，泥土是绿化带的象征，彩色的方砖则代表了该区域是步行道。总之，底面如果处理得恰当，会对整个景观设计的好坏起到决定性的作用，我们通过巧妙地设计构思处理地表，能够使存在于其上的其他要素综合在一起，达到表现景观特征的目的。

（二）顶面

在景观设计中，很多人往往忽视了顶面的作用，我们抬头仰望茫茫的天空时，其边际的延伸与近处的树冠连接在一起则会觉得非常惬意，若没这近处的枝冠，我们会感觉缺少了些什么。仔细想想，我们觉得亲切舒适的环境里，必然有一个亲切的顶面。在天空不适合做顶棚的情况下，我们需要做一些顶面控制或顶面围合，顶面围合的形态、高度、特征以及围合的范围会对该空间产生明显的影响。顶面对空间特性的影响主要是光影效果，光的特性可以从几个方面来说明：色彩上，光线可以是任何颜色；强度上，光线可以从黯淡柔和到明亮、耀眼；运动上，光线可以是直射、反射、漫射、跳跃、闪烁等；意境上，光线可以是神秘的、有意境的、冰冷的、温暖的、让人放松、让人紧张的。所有的这一切，都需要我们在处理顶面时运用不同的材料和手段去达到我们所想表达的效果。但在顶面处理时，有一点我们要注意，要尽量做到保持顶面的简洁，因为对于顶面我们更多的是去感受而不是观看。

（三）垂直面

一个空间的分隔、围合、背景通常是由垂直面来完成的。在空间的三个面里垂直面是最容易把握的，也是最显眼的，在创造景观空间时垂直面有非常重要的作用。在景观设计中，我们通过对垂直面的处理，可以达到我们想要的效果，比如可以通过垂直面把影响整个空间氛围的要素隐藏起来，展现场地内我们想要展现的要素，也可以通过垂直面增强空间内景观的立体感、层次感。

垂直面在景观空间设计中的作用不仅仅是提供屏蔽、背景、庇护、包容，它同样也可以成为景观空间的决定性因素。在进行景观设计时，特别是多个物体存在于同一个空间内时，我们应该特别注意物体之间的关系，以及物体与围合它的垂直面之间的关系，使整个空间所要表达的主题突出，而不至于混乱。

垂直面还可以作为一个景观空间的控制者而存在，因为垂直面对空间内风的走向、温度、声音等要素的控制作用是非常明显的。风可以被垂直物阻挡、减弱、疏导，可以使微风导向那些潮湿的角落。垂直物的存在也可以使景观空间内的阳光产生变化，以致影响景观空间内的温度。在阳光的作用下，垂直物的阴影跳动、闪烁也可让景观空间变得更加有趣。总之，垂直面也可以作为一个景观空间的控制要素而存在。

二、景观空间的尺度

人们总是在寻找与自身的感受相吻合的空间尺度，我们要做什么，就会去寻找与之相对应的空间场所。在进行景观设计时不仅要考虑人在其中的感受，对于任何存在于空间中的人及其他生物，都得为它们找到一个适合于它们生存的尺度。因此，我们对空间尺度的规划与设计要从总体上把握。有一些尺度是我们自身可以去控制的，比如，人走路的步幅、汽车的宽度等会决定空间的尺度。而有一些空间反过来控制了我们。比如我们会被华山的险峻征服，行走于广阔的青藏高原会觉得自己渺小。不管是我们自身去控制，还是我们被空间控制，所有的一切都依赖于该空间的尺度感，它是一切感官体验的来源。

三、景观空间的艺术构成

（一）虚实

空间的虚，就是"无"，人可存在其中；空间的实，就是"有"，就是实体。虚实处理是将空间遮去一些或使之含糊一些，创造含蓄的空间，让人不能全部识读。

从审美上说，空间也不一定越虚越美，而是要视场合的不同采取不同的处理手法，要虚实并举，或说虚中有实、实中有虚。

（二）疏密

疏与密的关系，在景观设计中反映出设计要素的经营位置及在空间中集合的密集度。设计要素集合过密，对视觉刺激的元素则太多，易造成紧张、郁闷感；而过疏则显得空间平淡无奇，只有疏密有致才能使人随着空间的逐级递进产生弛和张的节奏感。

（三）层次

景观空间如果无围透关系的处理，一目就可穷尽空间内所有景观，那么视觉很易判断出空间的实际大小。但如果隔着一个层次去看，空间给人的感觉则要深远得多。如隔着很多层次去看，则会造成一种更为强烈的错觉，使空间具有不可穷尽的深远感。这是因为每层次中的景观都有近、中、远三个层次之分，虽然空间物理总量不变，但心理量却大为增加了。

空间的层次处理有两种形式：一是单个视场的处理方式，即利用藏露，使空间增多、增大；二是多个视场的处理方式，即利用空间序列，使空间有无穷感。

（四）轴线

空间的轴线是指由空间限定物的特征而引起的心理上的空间轴线感。从心理学来说，空间的对称中轴线与不对称流水性轴线，都是拟人的心理反应，因为人的形体是对称的，但当人运动时，多为不对称状态，前者有静止感，后者有运动感。

景观空间往往是大的空间采用不对称流水性轴线，小的局部空间则用对称中轴线，或者采用意向轴线（即利用山、植物、塔、桥、亭、雕塑等标志物来设计景观线，这种标志物是轴线延续的关键，是空间轴线的意象性存在物）。

四、景观空间的表现手法

（一）对景

对景是在景观中观景点与所面对的景物之间有视线联结而无道路直通的情况（凡是与景观相对的景称为对景）。视线穿过水面、草坪、围墙等，形成两景物之间的对景。

此手法的运用需要设计师具有相当高明的空间控制能力，能恰当地布置观景要选择最精彩的位置，设置供游人休息逗留的场所作为观赏点，如安排亭、草地等与景相对。

（二）借景

借景是根据选景的需要，将景观空间内视线所及的景观空间外的景色组织到景观空间内，成为景观的一部分。借景手法使得景观空间内外形成了有机的联系。借景的方式主要有远借、邻借、仰借、俯借、因时而借；借景的内容不外乎借形、借声、借色、借香。借景能扩大空间，丰富景观，增加变化。借景的具体手法可以概括为：提高视点的位置；开辟透景线，把远处的景物借过来；借助门窗或围墙上的漏窗，把邻近的景色借过来。由此可见，借景可以沟通景观空间内外和室内外空间，扩大空间感。

（三）框景与夹景

框景即选择特定视点，利用窗框、门洞、山洞、树干等，构成一幅仿佛镶嵌于镜框内的立体画面。简洁的景框为前景，可使视线集中于画面的主景上。同时，框景讲求布局和景深处理，是生机勃勃的天然画面，从而给人以强烈的艺术感染力。框景必须设计好入框的景色。观赏点与景框的距离应保持在景框直径 2 倍以上，视点最好在景框中心。

夹景主要是将主景限定于狭长空间的一端，用于突出、强化主景，或起到屏障周围贫乏景物的效果。夹景是运用透视线、轴线突出对景的方法之一，可以增加景观的深远感。

（四）漏景

漏景是一种表现随意的造景方法。使用漏景手法可使景色若隐若现、含蓄雅致、内外渗透。这种若隐若现，有"犹抱琵琶半遮面"的感觉，是空间渗透的一种主要方法。

当景点与远方对景之间没有其他中景、近景过渡时，为求对景有丰富的层次感，加强远景"景深"的感染力，常做添景处理。添景可用建筑的一角或树木花卉等。用树木做添景时，树木体型宜高大，姿态宜优美，如在湖边看远景，常有几丝垂柳枝条作为近景的装饰，就会很生动。

（五）障景

在景观设计中，为了丰富景观内容，增加园林层次的深度，避免景观平铺直叙，可用屏障物遮挡视线，按照游览路线将某些景点景观先隐藏起来，促使游人视线转移方向，达到步移景异的效果，这种艺术手法叫障景。"极目所至，俗则屏之，嘉则收之"。在景观设计时，常将影响观感或难以观赏的部分进行技术处理，遮挡或隐藏之。通过这种手法，使境界增大，层次增多；反之，景观暴露越多，则境界越小。

（六）隔景

将景观分隔为不同的空间、不同景区的手法称为隔景。为避免各景区的相互干扰，使景区、景点各有特色，增加景观空间的变化，可利用隔景的材料（如建筑、假山、堤岛、水面、树丛、植篱、粉墙、漏墙等）隔断部分视线及游览路线，使空间"小中见大"。隔景或虚或实，或半虚半实，或虚中有实、实中有虚，方法可分为实隔、虚隔和虚实相隔。

（1）实隔：游人视线基本上不能从一个空间透入另一个空间，以建筑、实墙、山石和密林分割形成实隔。

（2）虚隔：游人视线可以从一个空间透入另一个空间，以水面、疏林、道、廊、花架相隔，形成虚隔。

（3）虚实相隔：人视线时断时续地从一个空间透入另一个空间，以堤、岛、桥相隔或实墙开漏窗相隔，形成虚实相隔。

运用隔景手法划分景区时，不但把不同意境的景物分隔开来，同时也使景物有了一个范围，一方面可以使注意力集中在这个范围的景区内，另一方面也使不同主题的景区互不干扰，各自形成一个单元，而不像没有分隔时那样，有骤然转变和不协调的感觉。

第四节　景观空间规划设计的原则

一、从功能要求出发，注意空间的适宜性

景观空间的种类很多，每一种类型的景观空间的特点是不同的，这完全是功能需求所致。比如公园是人们休闲娱乐的地方，所以空间要给人以轻松、自然的感觉，因此公园中的线型以曲线为主，绿地较多；而广场一般是人们进行政治、经济、文化等社会活动或交通活动的空间，通常是大量人流、车流集散的场所，所以广场类型的空间中几何线型较多，硬铺地较多。因此在进行景观空间设计时，首先要考虑空间功能的特点，创

造适合的空间类型。

二、注意空间整体感的塑造

注意空间整体感的塑造即充分考虑周围的环境因素，通过空间设计调整空间布局，改善整体环境的关系。场地周围的环境对景观形态的影响巨大，所以应主要考虑周边环境的用地性质、环境形态以及人流状况等，要充分分析现状，才有可能做出合理的设计。另外，还要充分分析场地周围环境的优势和劣势，尽量挖掘空间的内在优势并加以充分利用；而对于不利的环境因素要通过各种空间手法予以改善。如果场地临水，就要充分利用水体来营造空间。

三、对原有地形结构要给予充分尊重和利用

对不同的地形地貌需要不同的处理手法，随之会产生不同的景观空间类型。地形地貌也同样会影响整个场地的流线布局，进而影响到场地的道路设置。因此在进行设计之前，首先要充分了解场地的地形地貌，可以通过图纸和实地调查获得最准确的现状资料，然后再根据实际情况进行有针对性的设计。

四、充分考虑人的行为心理

景观空间设计最终还是为人所使用，所以设计时要充分分析人在环境中的各种心理需求，它是景观设计确定功能布局和动线的根据。环境中的人需要不同的空间类型，如环境中需要开敞的大空间，以便于人流聚集；同样，也需要相对私密的安静空间，用来满足小部分人交流之需。

另外，景观设计还要注意空间的多样性和可选择性。人在环境中需要随意感和自由感，更需要景物的丰富感，所以空间必须是多样的、充满变化的，环境中的人才能有更多的选择余地。

五、努力营造步移景异的空间序列，突出序列中的重点

人在环境中的连续运动形成对整个空间的印象。空间要给人以美感和吸引力，则必须考虑空间的序列组成，这种构成关系可使人在连续运动中产生步移景异的感受，并且空间序列要突出重点，设置各种空间节点，以增强空间的节奏感，使空间富于变化。

六、充分考虑社会、文化、经济等因素

景观设计是各种因素的综合，要权衡利弊，取得各个方面的最佳综合、最佳平衡。营造有地域特色的景观对于保持生物多样性是很重要的。这就需要考虑除空间之外的其他因素，如地域文化、民俗特色以及当地的经济条件等，并在空间中体现和表达这种地域特色，以促进景观的差异性发展。

思考题

1. 景观形态要素与形式美法则有哪些？
2. 景观具有哪些审美特征？
3. 景观空间有哪些处理手法？
4. 景观空间设计的原则是什么？

第六章 景观设计的程序与表达

第一节 景观设计的程序

如今社会对景观这个行业的要求越来越高,时间越来越紧迫。当我们拿到一份甲方的委任书,怎么合理地去利用时间、争取时间?怎么才能花少量的时间去做出高效率的工作呢?其实都需要有一个完整的计划去合理安排和控制时间,景观设计的一般程序如图6-1所示。

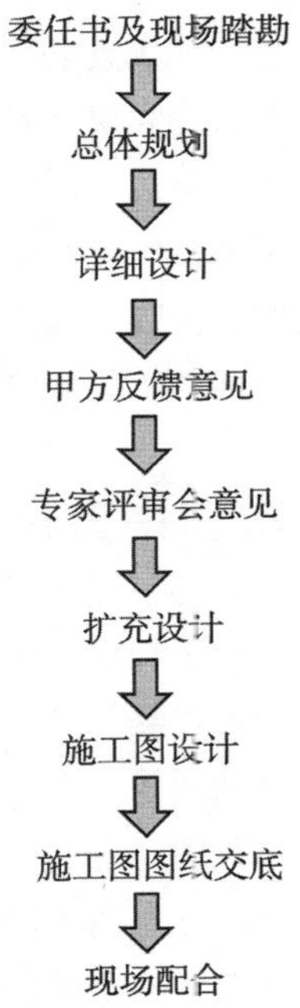

一、委任书及现场踏勘

接到设计任务后,首先需要甲方选派对现场基地熟悉的人陪同设计师到现场实地调研收集一些现场信息和设计前必须掌握的原始资料,同时需要和甲方很好地沟通,了解整个项目的总体框架和确定基本方向、服务对象,把握了这几点就不会违背甲方意愿了。甲方必须提供如下资料:现状地形及红线图、综合管网图、有建筑的时候还需要建筑布置图、单个建筑一层平面图及立面图等。

委任书及现场踏勘
↓
总体规划
↓
详细设计
↓
甲方反馈意见
↓
专家评审会意见
↓
扩充设计
↓
施工图设计
↓
施工图图纸交底
↓
现场配合

图 6-1 景观设计的程序

二、总体规划

在现场收集完资料以后,就要开始将资料进行整理和归类。与设计小组一起研究甲方给的委任书,上面有甲方对项目的各方面要求:比如总体定位、造价估算、经济技术指标、一些细部要求和设计周期等。然后制定计划开始从草图到深化过程的时间。但是一定要注意规范要求以及甲方的一些特殊要求(比如甲方的造价要求,设计中有很多水景,很多高档石材,这样可能跟甲方的成本意愿有出入;还有就是在北方设计很多水系,做法如同南方的水池做法一样,那样在很长一段时间里,池底干涸,形状突兀,会严重影响整体景观效果)。举这么多的例子,就是说在了解甲方意愿的同时必须考虑到当地的一些地理性气候,这样才能因地制宜。在设计上面首先是考虑到交通与环境的关系,特别是规范上强制性规定的消防通道及登高面原则,再结合设计要求的美观、实用、亲切原则。

三、详细设计

经过强制规定及方案确定后修改的构思,再次需要设计总监或者项目负责人召集设计人员一起讨论,集思广益,多层次、多方位地听取其他设计师的意见,与之一起交流沟通,提高设计的内涵和新意。千万不要一个人埋头苦干,要多次沟通。因为一般情况下甲方给的时间都很紧迫,不能允许有人浪费时间,而且设计本身就是个团队分工合作的模式。如果只求进度,那样设计出来的内容肯定是枯燥无味,肯定是不能符合设计要求的。但是如果不停地修改方案构思,过多地追求画面华美,忽略了设计本身的质量,也是不可取的。所以应该根据多次的沟通、规范的要求,一步一步地确定下来。方案完成后就要开始包装了,这项工作决不能少。这项工作包括设计说明、方案平面图、功能分区图、交通游线图、种植图、水电图、视觉分析图、各类节点大样图、透视图、立面图、剖面图、投资估算等。将图纸和文字结合起来,形成一套完整的方案文本。

四、甲方反馈意见

一般甲方在听取设计方的汇报结束后,会结合文本的内容在规定的时间内给予设计方一些建议与意见。一般都会提出一些调整意见,因此需要根据甲方的意见来进行调整。但是如果是甲方想改变设计风格或者想在总体规划方向上有大的调整,那就需要商量交付时间。

在甲方反馈信息的时候,必须认真听取甲方的意见,对甲方不合理的意见,要在会后,从专业的角度,充分沟通,说服甲方,这样会赢得甲方的信任和好感。但是不要拖延时间、要积极主动调整,这样就会对今后的工作产生积极的推动作用。

五、专家评审会意见

一般市政项目都会由甲方组织专家评审团,集中一到两天的时间,组织专家论证。出席人员一般都包括各方面的专家、甲方领导、市委区委领导和设计方的项目负责人和主要设计师。

首先是需要设计方在指定的时间内对方案全方位地阐述，要透彻、直观，具有针对性。一般汇报完后，专家组需要向设计方提出一些疑问，有些是可以在会上直接说明的。但是一般都是几天后，甲方会将专家组的评审意见发送给设计方，负责人需要对每条意见进行明确答复，对于有异议的专家意见，就需要立即落实到方案上。

六、扩充设计

在结合以上的全部意见调整以后，就需要进行扩充设计了。一般都是用计算机辅助设计（Computer Aided Design，CAD）软件来绘制完成的，这就需要更加详细、深入的总平面、竖向设计、绿化设计、电气图、给排水图、各类铺装样式、各类小品构架的平立剖面图、各类材质的组成等。做完这些，也需要像方案一样制成文本的样式由专家组评审，等待回复意见，最后修改意见。

七、施工图设计

首先需要各类专业设计人员结合原始地形图和综合管网图（包括：水、电、结构）到现场勘探地形，之后进行各自的制作及其内部审核，最后出具正式蓝图。

八、施工图图纸交底

一般甲方收到图纸之后，会联系监理、施工方对施工图进行读图来理解图纸的意思。之后会进行一个交底会。设计人员要从各方面对其他部门提出来的意见进行答复。

九、现场配合

一般设计公司很少有现场服务这项工作，但是现场服务很重要。不仅对设计师本身的提高，而且对工程质量、工程的设计意图都十分重要。现场设计师对现场地形十分了解，大多是边施工边设计，这就要求设计师有很高的专业能力和审美能力，能应对很多现场突如其来的各种问题，包括专业性很强的内容（比如水电、结构、植物等）。因此能很好地把控整个项目的实施性。但是很多项目并不是在一个城市，设计师不可能长时间地驻扎在工地上，一般都是一周一次例会，将一周遇到的事情统一归整，在例会上或者现场解决。俗话说：三分设计，七分施工。因此需要所有参与人员共同努力，才能将设计与施工完美地结合在一起。

第二节　景观设计的表达

景观设计的表现内容、形式与方法，是整体规划中的一部分。景观设计应严格按照国际通行标准，国家规范的绘图、识图要求，将平面图、立面图、剖面图、节点应用相关标注符号运用在设计图纸中。设计人员及行业技术人员在共同的识图规范前提下进行图纸的识图、交流和实施，保证设计作品的准确实现，从而保证设计师作品内涵的完整体现。

一、图纸内容

（一）景观设计阶段的图纸内容

规划设计阶段的图纸内容一般包括：
(1) 景观设计地段区位图；
(2) 功能分析图；
(3) 景观设计总平面图；
(4) 道路系统规划设计图；
(5) 景观系统规划设计图；
(6) 绿地系统设计图；
(7) 灯光系统设计图；
(8) 竖向规划设计图；
(9) 主要断面图；
(10) 重点区域的平面大样图、立面图以及剖面图；
(11) 游憩规划设计、旅游规划设计等专项设计图；
(12) 效果图；
(13) 综合现状图，包括用地现状图、植被现状图、建筑物现状图、工程管网现状图等。

（二）施工图阶段的图纸内容

施工图阶段图纸内容一般包括：
(1) 环境施工图，包括设计说明、总平面图、施工节点大样图等；
(2) 水电施工图，包括设计说明、系统图、大样图、节点图等；
(3) 植物施工图，包括设计说明、乔木施工图、灌木施工图和植物配置表。

二、景观平面图表现

这里所说的平面是广义的平面,即二维的表现,包括总平面图和局部平面图。在平面、立面、剖面、透视和鸟瞰图中,平面图最有用,也最重要。一个好的设计方案可以从平面图上分析出设计的内涵。当方案深入细化时,再根据各个立面图、局部详图等图纸来理解整个设计。平面图能表现整个景观设计的布局和结构,以及诸设计要素之间的关系。

景观设计经过项目论证、实地调研和总体策划后,就要开始对总平面地形图进行自然环境和人工环境的技术分析,比如通过指北针(或风玫瑰)、等高线、植被、土壤、水流等图形、图例的识别、判断,再结合设计师的设计构思画出各类图形来,这就是我们常说的功能分区图、视线分析图、交通流线图、景点布置图等,如图6-2所示。

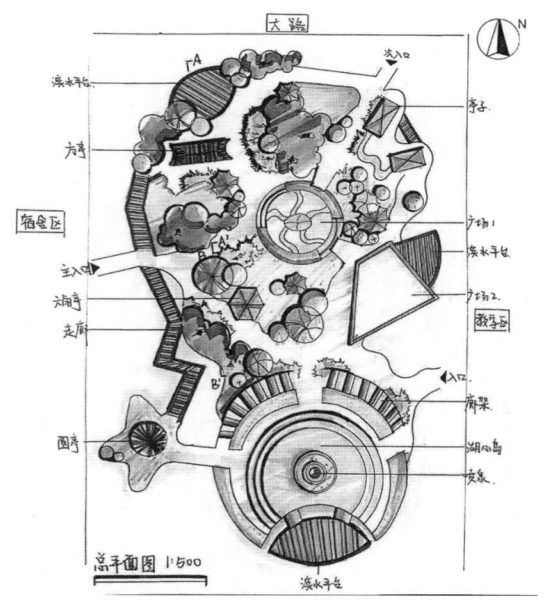

图 6-2 景观平面图(许雅婷 绘制)

景观设计的平面图主要是表达项目用地中建筑占地面积、道路的宽度及布局、绿化布置、水体的位置及类型、环境小品及设施的位置、地面铺装等。采用平面图方式表现的图纸主要有四种:

(1)分析性平面图:用来说明设计理念、设计数据的图纸。比如区位分析图、绿化分析图等。

(2)环境平面图:这类平面图也称土建平面图,主要是总平面图、分区平面图、景观构筑物平面图、景观小品平面图等。

（3）水电平面图：这类平面图也称水电设施平面图，其实水体设施和电力设施都是独立的系统，因为水电管网往往是统一建设的，所以往往把这二者放在一起绘制。

（4）植物配置平面图：这类平面图是指根据景观设计需求和空间布局，将各种植物按照一定比例和位置进行标注的平面图。可以清晰地展示出景观中各个区域的植物种类和分类情况，帮助设计师和业主更好地理解和选择合适的植物。

平面图中除了包含设计图纸，还应该具备比例尺、图纸标题、必要的设计说明、指北针、风玫瑰图等，辅助说明平面图的元素。

三、景观立面图表现

如果说平面图是对环境空间关系的理性功能与布局分析，那么立面图则更多地注重对环境空间的感性视觉分析，强调各景点的构思、构图和造型效果。比如风格样式、比例尺度、色彩搭配、材质选择以及内在的构造关系等。立面图能体现出地形走势和造型的结构性，是设计的难点和要点，也是最容易出效果的地方，如图6-3所示。

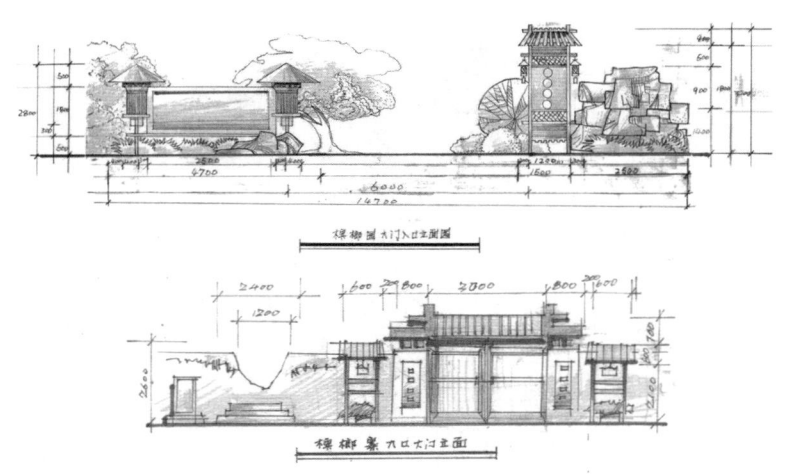

图 6-3　景观立面图（唐文　绘）

其中显著地反映场地外貌特征那一面的立面图，可以称为正立面图，其余的立面图相应地称为背立面图和侧立面图。也可以按照场地的朝向来命名，如东立面图、西立面图、南立面图和北立面图等。景观设计立面图主要表达的是地形起伏的高低变化和景观设计内容物，如建筑、山石、构筑物、小品、地台等的具体尺寸、相互关系等。立面图上应将立面上看得见的细部都表示出来，构造和做法可以用详图或文字说明。

四、景观剖面图表现

景观剖面图是指某景观被假想地沿垂直面剖切后,沿某一剖切方向投影所得到的视图,包括景观建筑和小品的剖面。其中只有地形剖面时应注意景观立面和剖面图的区别,因为某些景观立面图上也可能有地形剖断线。通常景观剖面图的剖切位置应在平面图上标示出来,且剖切位置必定在景观图中。在剖切位置上沿正反两个剖视方向均可得到反映同一景观的剖面图,但立面图沿某个方向只能做出一个,因此,当景观较复杂时可多用几个剖面标示,如图6-4所示。

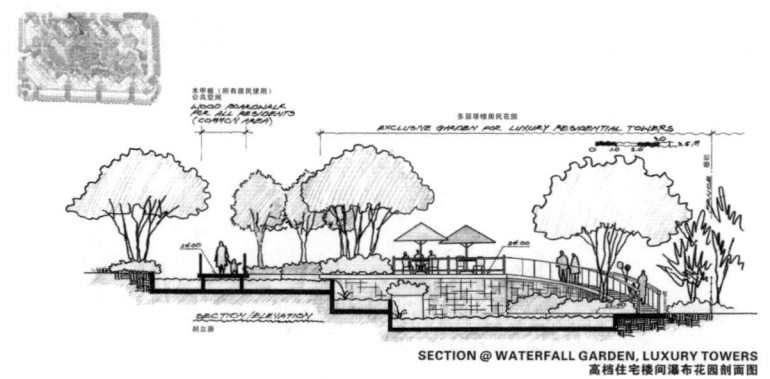

图 6-4　景观剖面图(唐文　绘)

景观剖面图主要表达景观设计范围内地形的起伏、标高的变化、水体的宽度和深度及其围合构件的形状、建筑物或构筑物的室内高度、屋顶的形状、台阶的高度等。

五、景观效果图表现

景观效果图是设计师为更直观地表达设计意图,更直观地表现景观设计中各景点、景物以及景区的景观形象,通过钢笔画、铅笔画、钢笔淡彩、马克笔画、水彩画、水粉画或其他绘画形式表现出来的设计图,其制作要点有:

(1)无论采用一点透视、两点透视或多点透视,轴测图都要求图在尺度、比例上尽可能准确地反映景物的形象。

(2)效果图除表现环境景观本身,还要画出周围环境,如周围的道路交通等市政关系,周围城市景观,周围的山体、水系等。

(3)效果图应注意"近大远小,近清楚远模糊,近写实远写意"的透视法原则,以达到效果图的空间感、层次感、真实感。

　　景观效果图包括常见的电脑工具绘制的景观效果图和手绘景观效果图,其表现方法和形式多种多样,主要有写实、绘画和速写三种类型,如图 6-5 所示。

图 6-5　景观效果图

六、景观施工图设计

（一）施工图总要求

景观施工图可参照国家建筑标准《房屋建筑制图统一标准》（GB/T 50001—2017）以及国家建筑标准设计图集《环境景观》作为制图依据。

施工图设计应根据已通过的初步设计文件及设计合同书中的有关内容进行编制，内容以图纸为主，包括封面、图纸目录、设计说明、图纸、材料表及材料附图等。施工图设计文件一般以专业为编排单位。各专业的设计文件应该严格校审、签字后，方可出图及整理归档。

施工图的设计深度应满足以下要求：

(1) 能据以进行施工和安装。
(2) 能据以进行工程验收。
(3) 能据以编制施工图预算。
(4) 能据以安排材料、设备订货及非标准材料的加工。

（二）图纸目录的编排

图纸目录中应包含以下内容：项目名称、设计时间、图纸序号、图纸名称、图号、图幅及备注等。

图纸编号时以专业为单位，自身各自编排各专业的图号。对于大、中型项目，应按照以下顺序进行图纸编号：景观、种植、建筑小品、景观结构、给排水、电气、材料表及材料附图等；对于小型项目，应按照以下顺序进行图纸编号：景观、建筑小品及结构、给排水、电气等。

（三）设计说明

设计说明中应包含的内容有：

(1) 设计依据及设计要求：应注明采用的标准图及其他设计依据。
(2) 设计范围：应注明具体设计的区域。
(3) 标高及单位：应说明图纸文件中采用的标注单位，坐标采用的是相对坐标还是绝对坐标；如为相对坐标，须说明采用的依据。
(4) 材料选择及要求：对各部分材料的材质要求及建议。一般应说明的材料包括饰面材料、木材、钢材、防水疏水材料、种植土及铺装材料等。
(5) 施工要求：强调须注意工种配合及对气候有要求的施工部分。
(6) 用地指标：应包含总占地面积、绿地面积、道路面积、铺地面积、绿化率及工程的估算总造价等。

(四) 图纸编排

施工图图纸内容要求详细,顺序一般应为:图纸目录→施工设计说明→景施图(含土建、结构)→给水排水图→电气图→植施图。图纸要注明图头、图例、指北针、比例尺、标题栏及简要的图纸设计内容的说明。图纸要求字迹清楚、整齐,不得潦草;图面清晰、整洁,图线要求分清粗实线、中实线、细实线、点划线、折断线等线型,并准确表达对象。

思考题

1. 景观设计的程序是什么?
2. 景观的表达方式有哪些?

第七章 水体景观设计

在景观设计中,水是最活跃、最具吸引力的设计元素和重要的审美要素,按其存在的状态分为气态、液态和固态,有海洋、湖泊、河流、湿地等形式,在设计中常以液态水景为主。

第一节 水的特性和用途

一、水的特性

水是决定水景设计成败的关键因素。设计优秀的水景作品,首先应该从景观的角度深入分析水的基本特性及用途,然后将其熟练地运用到设计之中。水是人类赖以存在和发展的自然之物,具有两种基本特性,即自然特性和人文特性。

(一)自然特性

形、色、光、声、味等既是水的自然属性,也是生动的景观素材。在景观设计中,这些特性对设计的方法、目的和最终效果均有着重要的作用。

1. 可塑性

水的形状是由限定物(通常指盛水容器)的形态、大小、高差和物质结构所决定的,环境景观中的水景设计也可以说是在设计水的容器。如人工湖岸和湖底的设计。形成的水体有的奔腾千里,有的涓涓细流,有的则平静如镜。

2. 可动性

水的可动性(也叫"水的流动性")不仅表现出水的存在状态,同时也体现出水的灵性与活力。只要有高差或外力,水就可以产生运动,形成河流、瀑布、喷水等形式。

相比之下，静水则指那些运动变化比较平缓的水体，如水塘、水池等。在外力的作用下，静水就会运动起来，如鱼在水中的游动。

3. 可听性

水在运动或撞击实体时会发出不同的声响，形成各种听觉效果。水声的特性能直接影响人的情绪，如涓涓细流使人气顺心平，汹涌波涛使人兴奋激动等。在景观设计中，人们可充分利用这些特性，在可动水景观中创造出丰富的音响效果。常州一江风华的水景设计，通过柱状水流和面状水流的跌水景观的巧妙设计营造了层次丰富的声响美，如图 7-1 所示。

（a）中轴线水景　　　　　　　　　（b）水景局部

（c）水景细节

图 7-1　常州一江风华水景细节

4. 可映性

水能映衬出周边环境中的景物，使其产生倒影。如平静的水面在晴朗之日如同一面明镜，清晰地倒映出四周的土地、植物、建筑及天空的形象，如图 7-2 所示；而当微风吹过水面时，一阵涟漪，散乱的图像却又好似一幅抽象画，如图 7-3 所示。可见，对水的可映性进行恰当运用,能增加景观的趣味性。

图 7-2　杭州天目里街区用静态的水池凸显水的可映性

图 7-3　苏州博物馆动态的水面倒映出波动的图像

(二) 人文特性

人们常常借助水来表达自己的思想情感,如在哲学、民俗、文学、绘画、音乐等领域之中表达水的审美内涵。同时,水还能反作用于人们的精神世界。如人们将"寒江独钓"视作一种人生境界时,水被赋予了文化意义;而"智者乐水"又将水作为智慧的象征。

1. 哲学性

中国历史上的先贤圣哲对水有着许多的哲学思考。如《老子》:"上善若水。水善利万物而不争,处众人之所恶,故几于道。"即做人应如水。《论语》中的"子在川上曰:逝者如斯夫?不舍昼夜",则是感叹时光如流水,一去不复返。

2. 民俗性

俗话说一方水土养育一方人,经千百年演变又会形成一方民风民俗。而这些风俗常常因水而起。如我国的泼水节、端午节以及文人雅士间的曲水流觞等无不以水为主题。

3. 文学性

水在文学领域有着重要的地位,中国的山水诗就是专以水为主题的典范,诗人们常常借水抒发自身的情怀。如南唐后主李煜的"问君能有几多愁？恰似一江春水向东流"，借水表达对故国的思念。

4. 绘画性

山水画在中国画中占有重要地位，是中国画的最高成就之一。与山水诗一样，以山水为主要描写对象的山水画，不仅是对自然美景的形象表现，同时融入了人们的思想情感，笔墨之间勾画出中国人内心对理想家园的向往。在景观设计中，也可以通过山水元素的结合营造山水画的意境，如苏州博物馆的山水画景观设计（图7-4）。

图 7-4　苏州博物馆的山水画景观设计

5. 音乐性

水的运动发出的各种声音能激发人们在音乐创作上的灵感。如当代音乐家谭盾的《水乐》在演奏时采用许多特别的容器（也叫"水乐器"），如水管、水杯、水瓶等，通过手与水接触并控制水流速度等手段来发声，将水的灵性发挥到了极致。

6. 风水性

在景观设计中，水不仅是景观的载体，还是一种风水文化观的体现，择水在风水学中具有极其重要的意义。

7. 亲水性

人类天性亲水（水灾除外），且喜欢用身体接近、触摸和感受水。因此，设计中应尽量缩短人与水的距离，在确保安全的前提下，让人们自由地与水交流，如湖泊泛舟、浅池戏水、贴水漫步等。

二、水的用途

水具有实用性与观赏性两大功能。水不仅是人类社会生产生活的物质基础,同时还能调节人们的心理情绪,是人们理想与情感的寄托。

(一)实用功能

随着社会的发展,人们对水的利用越来越多样化。主要体现在以下几个方面。

1. 消耗

水的消耗功能是指人在生产和生活的过程中对水的一种基本生理需求。人的生产和生活离不开水,人对水有天然的亲切感和依赖性。

2. 灌溉

水的灌溉方式主要运用在景观植被设计之中。植被只有在水源充沛、灌溉得当时,才能生长繁茂,富有生机。

3. 调节气候

水的温度比较稳定,其蒸发可以产生热交换,还能调节各区域环境中的温度和湿度。夏季,从水面吹来的清风具有凉爽作用;冬季,水面的暖风又能给周围地区带来温暖。水体还有滞留尘埃、改善空气干湿度、调节微气候的功能。

4. 降噪

在景观设计中常常利用水能降噪的特性来减小环境中的噪声,使人减轻疲劳。例如,在闹市中设计小游园或广场时,可加入喷泉(特别是音乐喷泉)、瀑布、叠水等设计元素,利用水声隔绝和消解周围街道上的嘈杂声。

5. 游乐

人们常利用水体进行游乐活动,如游泳、钓鱼、漂流等。

6. 分隔

人们常利用水体分隔空间。这既能使景观的各部分保持独立性,又能使整个空间具有连贯性。我国的古典园林就是个很好的例子,设计师常采用迂回曲折的水面来隔离空间,扩大空间的尺度感,使人隔岸观景,绕水而行。

7. 抗灾

水体在特殊的情况下还能防火、抗旱。如城市公园中的人工湖，可以作为救火备用水；还有郊区景观中的沟渠、池塘可作为天然的抗旱水源。

（二）观赏功能

水不仅具有实用功能，同时还有很强的观赏性。水的性质多变，可操作性和可塑性极强，其特有的视觉效果能很好地活跃氛围、柔化空间，让人产生不同的感受。归纳起来有以下几个方面：

1. 自然美

水是自然界客观存在的物质，人们大多从自然美的角度去观赏水景。随着工业化、城市化的快速发展，居住环境大多被钢筋混凝土等现代材料所覆盖，造成生活在生硬环境中的人们迫切地向往回归自然，拥有自然景观也已成为现代人的一种奢望。因此在一些居住区的设计中，设计师通过模仿自然的水体来设计景观水池，从而营造一种回归自然的感觉，如图7-5所示。

图7-5　模仿自然水体的景观设计

2. 科技美

现代社会中的人们常常运用高超的科学技术来建造、控制和治理。在欣赏水景的同时，也叹服于科技创造美的能力。如彩色音乐喷泉就是利用现代科学在灯光的作用下赋予水五彩缤纷的颜色，并使其随着音乐的节奏，变换形态，美轮美奂，令人叹为观止。

3. 社会美

水的社会美指人们在社会生活中对水进行利用的过程中所形成的一种美的感受。如建水库、引水入城、挖湖等都体现出水的社会美特性，此时的水景包含着人类聪明才智的综合形象，体现着社会属性。如诗词"家家门前流水绕，户户屋后杨柳垂"，就是对丽江古城社会美的一种描写。

长期以来，对水的利用也存在不少问题。不少地方采用加深河道和固化河岸的方法来整治旧河，人们虽然在视觉上获得了享受，却破坏了自然河岸与河槽之间的水文联系、河岸植被赖以生存的养料，可谓得不偿失。

第二节　水景的类型及其特点

广义上理解，一切与水有关的景观都可称为水景观。水的特性丰富，可操作性强。按其不同成因可分为天然水景（包括海洋、湖泊、江河等）和人工水景（如水库、运河、人工溪流等）；按水的形态又可分为静态水景和动态水景。

一、天然水景

天然水景是以自然水资源为主体并包括其周边附属物（驳岸、石头、动植物等）的景观。

（一）海洋

海洋是重要的旅游景观，主要有滨海风光、海岛景观、海滩浴场、珊瑚礁和海洋五种类型。其中海滩浴场最具亲水性和吸引力，吸引游客的因素可以归纳为3"S"，即海洋（Sea）、海滩（Sand）、阳光（Sun）。

（二）湖泊

天然湖泊是大陆洼地中积蓄的水体，湖泊水面大，相对平静，能使沿水景物较完整地倒映出来，加上往来船只及人工修建的休闲、观景设施，使景观表现出丰富的空间层次。此外，湖泊景观的人文内涵也很深厚，如具有千百年历史的杭州西湖，留下了许多动人的传说。

（三）河流

河流对区域生态格局的诞生与发展具有重要的作用。按其流向可分为内流河和外流河，由河源、上游、中游、下游、河口五段组成，各段的形态与景观均不同，如上游落差大，河谷窄，多急滩；下游河谷宽，流速慢，多浅滩。河流景观不仅供人观赏，还能从中进行体验，如漂流。

（四）溪涧

溪涧形成于河流上游的高山地区，规模较小，到平缓区域时就可形成溪涧水景，长度通常有数十千米，流量小，对当地的生态环境和生活习俗有一定的影响，是文人雅士的游赏佳地。

（五）瀑布

瀑布有天然瀑布和人工瀑布之分。天然瀑布指从河床纵断面上陡坡或悬崖处倾泻而下的水流，由造瀑岩、瀑下潭和瀑前谷三部分组成，其大小、形态、声响主要取决于水的落差、宽度和流量，分线型和面型两种。人工瀑布则是模仿自然的瀑布由人工建造的集声、色、光、影于一体的水体景观。

（六）泉水

泉是地下水涌出地面的一种自然现象，当地下水的潜水面被地面切断时，即可露出地面，并沿着固定的出口源源不断地流出，形成各种泉水景观。

（七）湿地

湿地是地球上水陆相互作用形成的独特生态系统，靠近江河湖海和地表有浅层积水的地带（如沼泽、湿草地及低潮位时水深不超过6m的水域等）。湿地中水生动植物较多，有净化水源、调节气候、保护生态环境的作用，因此又被称为"地球之肾"。

（八）冰川

冰川是水的一种特殊的存在形式，是世界上最大的淡水资源，其形态奇异、体量巨大、色彩亮洁，是一种具有极强视觉冲击力的水景观。

二、人工水景

人工开凿并在一定程度上模仿自然水景而建造，供人们使用、观赏和游乐的水体叫人工水景观，主要有人工湖、水库、运河、水渠等，常与景桥、栈道、雕塑小品等环境设施进行组合。

（一）人工湖

人工湖即人工修建的湖泊，供人们娱乐休闲和观赏的大面积水域，是一种面型的静水景观。人工湖由水体、驳岸、水上跨越结构、水边山体树木、湖心亭、湖心岛及天光等元素构成，是景观、城市公园、居住小区绿地中心景点设计中最吸引人的一类景观。

（二）水库

水库是一种特殊的人工湖，多建于山林之中，是在山沟或河流的峡口处，采用建造坝体的方式来拦洪蓄水，调节水流、发电和养鱼。水库具有自然美和社会美两种属性。

（三）运河

运河历史悠久，是一种人工开挖建造的河道，具有通航、灌溉、供水和导流的作用，常与自然河道相连并形成完整的水网体系。运河还具有浓厚的人文特色，人们游览和观赏美景的同时，感受着其承载的一段段不平凡的历史，如灵渠、京杭大运河等。

（四）水渠

为农田灌溉而开凿、架设的人工水槽叫水渠。水渠建设之初仅是一种灌溉工程，并不构成景观。随着时代的变迁，水渠成了人类改变命运、创造生命的历史见证。如红旗渠，被世人称为"人工天河""世界第八大奇迹"，到红旗渠游览，是对当年英雄及其精神的纪念、瞻仰和传承。

（五）水井

水井是人们为获取地下水源而从地面往下凿成的深洞。水井形成之前，人类依靠有地表水和泉水的地方生活。之后，人们围绕水井建立起特有的公共用水道德规范。

（六）水田

水田是一种用于种植水稻等水生作物的土地，其本身具备了社会美的因素，是人类生存所需物质的主要载体和农耕文明的标志。按其形态又可分为农家乐旅游式水田和山区梯田式水田，如云南的元阳梯田。

（七）溪流

溪流主要指人工溪流，通过模仿自然河流、溪涧的形态而设计建造的线型水带动态景观，具有分隔空间、活跃气氛、提供亲水活动等作用。人工溪流常在居住小区的景观设计中采用，并成为开发商的广告词，如"我家门前一条河""水岸新城"等。

（八）喷水

喷水是一种点状水景，具有标志和点缀的作用。喷水由水源、喷头、管道和水泵几个基本部分组成，按其表现方式分为喷泉、涌泉、溢泉、喷雾等形式。如音乐喷水、水幕电影等，如图7-6所示。在酷热的夏季，喷水不仅成为人们嬉戏和冲淋解热的场所，还可以调节微气候。

图7-6　音乐喷泉

（九）跌水

地形或承水面呈阶梯状变化时，呈现层叠式流落的水称为跌水。人们常通过砌筑有高差变化的台阶或挡墙，利用水由高向低流动的特性，形成跌水景观，落差较大时还成为人造瀑布。跌水可观、可玩、可听，不同的跌水形式有着不同的视觉效果，如图7-7所示。

（十）水池

水池多呈面型，可以是静水景观，也可是动态的水池。按功能要素可分为生态水池、涉水池、装饰水景池等；依容器形式的不同可分为自由形水池和规则形水池。景观设计中水池的面积比人工湖要小，环境空间不大，水池在其中主要起到点缀、衬景、扩大景深的作用，如图7-8至图7-9所示。

（十一）冰雕和冰面

冰雕是以冰为材料制成的雕塑，可塑性强，是对液态水进行色彩和透明度的表现，再通过成型模具浇铸而成，也可将水制成冰或采集天然冰块再进行雕刻、加工、拼接，从而形成大型的冰雕作品。冰雕形式独特、材质纯洁、晶莹剔透，深受人们喜爱。利用

图 7-7 跌水景观

图 7-8 起到镜面作用的静态水池

图 7-9 凸显流动性和变化性的动态水池

制冷技术在室外制造冰面水景也是一种水景营造方式，这种冰面装的水景不但可以观赏和调节微气候，还可以在冰面开展滑冰的体育活动，如图 7-10 所示。

图 7-10　上海西岸艺术区的露天冰场

第三节　水景设计

水景设计是将构成水景的各类要素组合起来，完整地对环境进行物理功能、生态意义与精神价值等方面的表达，使环境更适合人类的生存和社会活动的需要。

一、水景的构成要素

水景分为自然水景与人工水景两大类，构成要素丰富多彩、千差万别。受类型、地域、气候等因素的影响，水景的构成要素主要有以下几种：

（一）水体

水体是水景中最主要的构成要素，其中还包括水体呈现的色彩、透明性、状态、流姿、物理性等。人工水景设计中的水体应保持清澈、洁净、无异味、无污染，营造一种清新宜人的环境。同时应大力保护自然水景中的水体，维护生态平衡。

（二）容器

容器是用来限定、保护和隔离水体的自然边坡、人工护堤和底部的一种载体，由土、石和现代建筑材料等构成。容器决定了水体的形状、流向、流姿，对水池进行设计时，应对池边色彩、材质、肌理、池底的形状等进行精心处理。

（三）水上设施

水上设施包括水上跨越设施和游乐设施两大类。跨越设施是为了交通、分隔空间、组景等需要而设计的桥梁、栈道、索道等，如颐和园十七孔桥、杭州西湖的断桥等；游乐设施有游艇、船只、木排等形式，是水景构成中的主要元素，对水景具有画龙点睛的作用。

（四）自然环境

水体是自然环境中一个重要的组成部分，与周边的自然环境和人造环境一起构成了水景设计的要素，如水边的山体、石壁、植物等的形态、数量、走向等。如我国的园林设计，"山水相依"是其基本规律，均采用堆山叠石、理水植树的表现手法来营造"虽由人作，宛自天开"的意境。

（五）动植物

水是生命之源。水生动植物赋予了水景生机，既为人们的生产、生活服务，还具有观赏、修复、保护水体，净化水质以及表现文学意境的作用。不同地域环境中的动植物种类不尽相同，主要有水面浮生植物、挺水植物、沉水植物、水生动物等。

（六）建（构）筑物

建（构）筑物是为满足游客休憩、交流、观景以及表达某种水景题材等功能需求而建造的景观，包括湖心岛、湖心亭、水边茶室等。设计时应该全面考虑建（构）筑物在水景中的体量、尺度、造型、色彩、材质等的选择和搭配，使其具有良好的亲水性、通透性、可达性和安全性。

（七）自然光线

自然光线具有丰富水景的作用。水的可映性能在自然光线的映衬下将天空之景尽收于水面，形成倒影，常使人真假难辨。天空的色彩、太阳、月亮等，虽是短暂性景物却妙趣无穷，可以增添水景的观赏性、文学性和哲理性。

（八）造景设施

人工水景中的喷水、跌水、冰雕等都是借助特定的造景设施而形成的。如音乐喷泉中的音乐乐曲、水幕景观的影像等。

（九）水声

动水景观具有声效性，水声是动水景观的构成要素之一。我们可以根据不同场景、氛围去有意创造人工景观中的水声，使之达到和谐的效果。如在城市公园和广场的设计中可以利用大型喷水、瀑布和跌水的轰鸣水声来吸引游客，活跃环境气氛；在室内庭院中则可采用舒缓的流水声柔化过分的宁静。

二、水景设计的原则

水景是相对独立的景观系统，是景观设计中的重要组成部分。它涉及水的供给和灌溉、气候的调节、防洪以及动植物生长与环境美化等多方面需求，表现为地理学、植物学、景观生态学、环境经济学、艺术学等多学科的融合。水景设计的基本原则如下：

（一）生态性原则

生态问题是当代人类面临的最为严重的环境问题，生态性原则毋庸置疑地成为水景设计的首要原则。具体表达方式有：

（1）节制用水，维持水的自然循环规律。

（2）利用生物生态修复技术对水质进行生态处理，使其具有自动恢复功能。

（3）养殖不同的动植物，形成多层次的生物链等。如采用"可渗透性"人工驳岸的方法对河道进行整治，利用"雨水循环利用系统"打造雨水景观，维持生态环境的平衡。

（二）实用性原则

任何设计都具有目的性，实用就是目的之一。水景设计的实用性主要表现在以下两个方面：

（1）利用水具有的实用特性充分地使用水，使水景设计不仅具有观赏性，还能服务于当地人民的生产和生活，使其产生一定的经济效益。

（2）以人为本，在设计中充分考虑并满足普通市民的实际需要，而不是仅仅作为"形象工程"在特定时段象征性地表演一番，实际上却与百姓生活无关。

（三）可行性原则

水景设计中，不同类型的水势所需的能量和运营成本都不一样，应从各方面综合考虑系统运行的可行性。

1. 地域条件的可行性

结合所在地域的条件来设计水景的类型与规模，充分考虑实际建成的效果和可持续使用情况。

2. 经济的可行性

大型的音乐喷泉的设计，需要大量的资金进行使用和维护，因此欠发达地区不宜建设此类型的喷泉。

3. 技术的可行性

现代水景设计无论是自然水景中的借水为景，还是人工水景中的以水造景，均离不开现代技术的综合协调。智能水景依靠智能设备，借助运动装置、声敏装置等方式驱动水景发生变化，并在此过程中实现人与水景的交互性，如图7-11所示。

图7-11 南京启龙亲江乐园运动驱动型喷泉

（四）整体性原则

水景是景观设计中的一部分，具有整体性效果。一般而言，人不仅对水有亲近的愿望，对线状的水体往往也具有溯源心理，设计中往往与墙、柱等建筑元素组合起来运用，达到连续而生动的整体效果。如利用线状水体的引导性，指引展示的路线，创造出贴近自然、统一协调的展示环境。

（五）美观性原则

水景本身的设计要美观，符合形式美规律（如统一与变化、对比与协调、均衡与稳定、比例与尺度、视觉与视差等），才能激发人们参与的兴趣。在水景设计中，设计师通常运用相应的构图经验和形式美规律来表达自己的设计意图和艺术构思，不断发散自己的设计思维，打破常规，就有可能设计出丰富多彩的水景。

（六）创新性原则

水景设计的本质及作品的生命力在于自身的创新。当今，数字技术的发展正带来一场新的设计革命。水景设计越来越偏向于从民族特色、地域特色、项目特色和设计师风格等多方面表现自身的特点。水景设计的创新性主要体现在水的类型、组合方式、设计观念、方法、技术等多方面的创新，如著名美籍华人建筑师贝聿铭设计的苏州博物馆新馆水景设计图。

（七）文化性原则

不同地域的水景具有不同的文化特征。水景设计应体现各地区特有的文化性，这是水景设计的最高目标。意境的表现不在于水景有多大的规模和多豪华的装饰，而取决于设计者的文化修养及其对设计要素的驾驭能力。如贝聿铭设计的北京香山饭店和苏州博物馆新馆均有对中国传统山水文化现代性的精妙表现。

（八）亲水性原则

亲水性是人们观赏、接近和触摸水的一种自然行为。因此，在水景设计中要相应地体现这种行为，减少人与水之间的障碍，缩短两者间的距离（小于2m），尽可能增加人的参与性。需要注意的是，水景的亲水性越好，参与活动的人会越多，对环境的影响也越大。

思考题

1. 水体景观的类型有哪些？
2. 水体景观的审美特征有哪些？
3. 水景设计的原则有哪些？

第八章 植物景观设计

在景观设计中,植物除了能作为景观的构成要素外,还能使环境充满生机和美感。本章将着重讨论植物及其相关因素在景观设计中的作用,重点介绍植物的分类、功能作用、观赏特性以及种植要点。

第一节 景观植物的分类

景观植物的分类方法很多,从方便景观规划和种植设计的角度出发,常依其外部形态分为乔木、灌木、藤本、竹类、花卉和地被植物六类,如图 8-1 所示。

图 8-1 大雁塔后广场是由乔木、灌木、藤本、花卉和地被植物构成的景观

一、乔木

乔木具有体形高大、主干明显、分枝点高、寿命长等特点。从一年四季叶片脱落的

状况又可分为常绿乔木和落叶乔木两类；叶形宽大者，称为阔叶常绿乔木或阔叶落叶乔木；叶片纤细如针状者则称为针叶常绿乔木或针叶落叶乔木。按照乔木的大小可分为大中型乔木和小乔木。

（一）大中型乔木

大中型乔木的高度一般在 6m 以上，因其体量大，而成为空间中的显著要素，能构成环境空间的基本结构和骨架，如图 8-2 所示。常见的大中型乔木有香樟、榕树、银杏、鹅掌楸、枫香、合欢、悬铃木等。

图 8-2　靖江王府的高大乔木

（二）小乔木

小乔木的高度通常为 4~6m。因其很多分枝是在人的视平线上，如果人的视线透过树干和树叶看景的话，能形成一种若隐若现的效果。常见的小乔木有樱花、桂花、龙爪槐等。

乔木是景观中的骨干植物，对景观布局影响很大，不论是在功能上还是在艺术处理上，都能起到主导作用，特别是常绿乔木的作用更大。

二、灌木

灌木按照高度可分为高灌木、中灌木、低灌木。

高灌木最大高度可达 3~4m。由于高灌木通常分枝点低、枝叶繁密，它能够创造较围合的空间，如珊瑚树贴地而起，也能起到较好的限制或分隔空间的作用。另外，视觉上起到较好的衔接上层乔木和下层矮灌木、地被植物的作用。

中灌木的高度一般为 1~3m，是一种较矮小且通常为多分枝的树丛。因为这个高度是人眼比较容易关注到的高度，所以中灌木大都具有很高的观赏价值，是景观设计中常用的植物。常见的中灌木有连翘、迎春、牡丹、木香花等。

矮灌木是高度较小的植物，一般不超过 1m，但是其最低高度必须在 30cm 以上，低于这一高度的植物，一般都按地被植物对待。矮灌木的功能基本上与中灌木相同。常见的矮灌木有栀子、月季、女贞等。

三、藤本

凡植物不能自立，必须依靠其特殊器官（吸盘或卷须），或靠蔓延作用而依附于其他植物体上的，称为藤本，亦称为攀缘植物，如地锦、葡萄、紫藤、凌霄等。

藤本有常绿藤本与落叶藤本之分。常用于垂直绿化，如花架、篱栅、岩石和墙壁上面的攀附物。

四、竹类

竹类属于禾本科的常绿乔木或灌木，干木质浑圆，中空而有节，皮翠绿色；但也有呈方形、实心或其他颜色和形状（紫竹、金竹、方竹、罗汉竹等）的，不过为数极少。花不常见，一旦开花，大多数于开花后全株死亡。

竹类形体优美，叶片潇洒，在生活中用途较广，是一种观赏价值和经济价值较高的植物。

五、花卉

花卉是指姿态优美、花色艳丽、花香馥郁、具有观赏价值的草本和木本植物，但通常多指草本植物。

根据花卉生长期的长短及根部形态和对生态条件的要求可分为：一年生花卉、二年生花卉、多年生花卉（宿根花卉）、球根花卉和水生花卉五类。

六、地被植物

地被植物是指低矮、爬蔓的植物，其高度一般不超过 40cm。在景观设计时，主要用它覆盖裸露地面，有利于防止水土流失，保护环境和改善小气候，也是游人露天活动和休息的理想场地。此外，还可以利用一些彩叶的、开花的地被植物来烘托主景。常见的地被植物有麦冬、紫鸭跖草、白车轴草等。

第二节　景观植物的功能作用

一、社会效益

（一）美化环境

景观植物能丰富环境建筑群体的轮廓线，增加艺术效果。景观植物能遮挡有碍观瞻的景象，使环境面貌更加整洁、生动、活泼；并可以利用绿化植物的不同形态、色彩和风格来达到景观环境的统一性和多样性，增强艺术效果。

（二）陶冶情操

景观植物不仅能给城市增添生机与活力，而且能陶冶人们的审美情趣，给人以心理、情感和借景传情的精神享受，如图 8-3 所示。泉水淙淙、鸟鸣啾啾、雨打芭蕉是听觉艺术；景观植物的线条、色彩则充满了视觉艺术；嗅觉艺术则是香气袭人，令人陶醉。

图 8-3　南京鼓楼广场植物景观雕塑

（三）防灾避难

(1) 景观植物具有盘根错节的根系，长在山坡上具有防止水土流失作用。
(2) 城镇周围的防风林带可以防止台风的袭击。
(3) 景观植物能过滤、吸收和阻隔放射性物质，降低光辐射的传递和冲击。

（4）绿色植物的枝叶含有大量水分，可以阻止火灾蔓延，城市绿地也是地震、火灾的避难地。

二、生态环境效益

（一）调节 CO_2、O_2 平衡

绿色植物进行光合作用，是大气中 CO_2 的天然消费者和 O_2 的制造者，起着使空气中 CO_2 和 O_2 相对平衡稳定的作用。

（二）调节温度、湿度

一般人感觉最舒适的气温为 18~20℃，相对湿度以 30%~60% 为宜。夏季树荫下的气温较无绿地处低 3~5℃，较建筑物地区可低 10℃左右。因为植物在蒸腾过程中要消耗大量潜热，而这部分热量取自周围空气，因此其降温效应比遮阴作用更大。

植物可以通过叶片蒸发大量水分，提高空气湿度。通过增加空气湿度，从而调节城市气温，故有"天然散热器"之称。

（三）净化空气、杀死病毒

景观植物能稀释、分解、吸收和固定大气中的有毒有害物质，植物还能分泌出各种挥发性菌素，杀死细菌、真菌和原生动物。例如：柠檬桉、悬铃木、紫薇、白皮松、柳杉、雪松等，都是杀菌能力较强的城市绿化树种。

树木繁茂的枝叶具有较强的滞尘能力，如榆树、朴树、重阳木、刺槐、悬铃木、女贞等树种的防尘效果较好。另外，植物还能监测和指示大气的污染。

（四）净化土壤、蓄水保土

植物的根系、地被等低矮植物可作为护坡的自然材料，减少土壤流失和沉积。在自然排水沟、山谷线、水流两侧若种植一些耐水湿的植物，则能稳定岸带和边坡。

植物控制水土流失的几种方式：树的枝叶可以减小雨滴降落的力量；根形或纤维的大块可以加固土壤；土壤中的覆盖物，如树叶、松针叶或其他有机物，能增加土壤吸收水分的速度。

（五）通风防风

城市带状绿化，包括城市道路与滨水绿地是城市绿色的通风渠道，特别是在带状绿地的方向与该地的夏季主导风向一致的情况下，可以将城市郊区的气流趁着风势引入城

市中心地区，为炎夏城市的通风创造良好条件。而在冬季，大片树林可以降低风速，发挥防风作用，故在垂直冬季的寒风方向种植防风林带，可以降低风速、减少风沙、改善气候。

（六）降低噪声

根据许多研究材料表明，植物，特别是林带对防治噪声有一定作用，据测定，40m宽的林带可以减低噪声10~15dB，30m宽的林带可吸收6~8dB。在公路两旁设有乔、灌木搭配15m宽的林带，可减低噪声一半。

三、经济效益

植物所产生的经济效益，是指它为社会提供的公益效能数量和质量，分为直接经济效益和间接经济效益。直接经济效益是指景观区域内的门票、服务的直接收入；间接经济效益是指景观所形成的良好生态环境效益和社会效益。拥有良好景观的房地产就是高价格的房地产，这一观念已经被房地产市场和那些居住、生活在城市中的人们所承认。

四、植物的建筑功能

植物的建筑功能主要是作为空间结构的主要成分，可以创造空间、屏蔽或强化景观。植物本身就是一个三度空间的实体：各种爬藤植物形成的棚架犹如屋顶，平整的草坪犹如地板，而绿篱就像隔墙一般，因此植物也有一般建筑元素的特性，具有构成空间的潜能。

（一）构成空间

所谓的空间感是指由基面、垂直面以及顶面单独或共同组合成的具有实在的或暗示性的范围围合。植物能像地板、墙、天花（基面、垂直面、顶面）一样去建立空间的围合，使用各种不同栽植的组合，可形成各式各样的空间效果，如踝高植物只有覆盖地表的感觉，膝高植物有引导的效果，腰高可作为交通控制之用，并有部分的包围感，胸高植物可以分割空间，而高过眼睛的植物则有被包围的私密空间感。植物构成空间的封闭度是随围合植物的高矮、大小、株距、密度以及观赏者与周围植物的相对位置变化的，主要有开敞空间、半开敞空间和封闭空间。

植物还可以与其他植物材料以及其他要素相互配合共同构成空间。例如，植物可以与地形相结合，强调或消除由于地平面上地形变化所形成的空间。如果将乔木、大灌木植于凸地或山脊上，便能明显地增加地形凸起部分的高度，随之增强了相邻的凹地或谷地的空间封闭感，并能成为高密度的防风、防噪声屏障。与之相反，若将其植于凹地或谷地内的底部或周围斜坡上，它们将减弱和消除最初由地形所形成的空间。

（二）屏蔽和障景

在景观设计中，植物的另一个建造功能是屏蔽和障景。卵圆形、尖塔形灌木如直立的屏障，能控制人们的视线，将所需的美景收于眼里，而将俗物障之于视线之外，遮掩那些不理想、难以处理的角度和线条。障景的效果与地被植物的高度分布、配置方式，观赏者与被障物的距离以及地形等因素相关。

（三）框景和夹景

植物对展现景观的空间序列具有直接的影响。例如，在景观入口设计时，设计者必须慎重选择入口的地点，或用框景来强调入口所在，或者在通道两侧栽植大、中型灌木和地被植物以形成夹景等。应用框景和夹景的目的在于有效地将游人的注意力吸引到特定的观赏景点，并尽可能勾勒出吸引力稍差的配景。南京中山陵祭堂前面台阶两边的植物就很好地起到了夹景的作用，把人的视线引向祭堂。

第三节 景观植物的观赏特性和选择原则

一、景观植物的观赏特性

植物的观赏特性，从美学的角度讲，大致包括色彩美、姿态美、香味美、声响美和意境美五个方面。

（一）色彩美

植物的色彩可以通过植物的各个部分呈现出来，如叶片、花朵、果实、大小枝条以及树皮等。植物材料的色彩并不是一成不变的，随着季节的变化以及时间的不同，太阳光照强度和高度角产生变化，植物也呈现出不同的颜色。仔细观察植物的色彩，春天染着白色，带着些微黄色，偶尔还有些红色；夏天是黄绿色和明亮的艳绿的世界；秋天是暖色统治的季节，像红色、黄色、橙色，这些充满活力的色彩赋予了这个季节最后的繁荣；最后，冬天则是由灰色、褐色支配，冬天的特色在于针叶树灰色的小枝和绿色针叶的对比，每个季节都有其独特的色彩效果。在进行景观设计时，一般应多考虑夏季和冬季的色彩，因为它们占据着一年中的大部分时间。2021年上海花博会世纪馆和复兴广场用植物营造绚丽多彩的图案，如图8-4、图8-5所示。

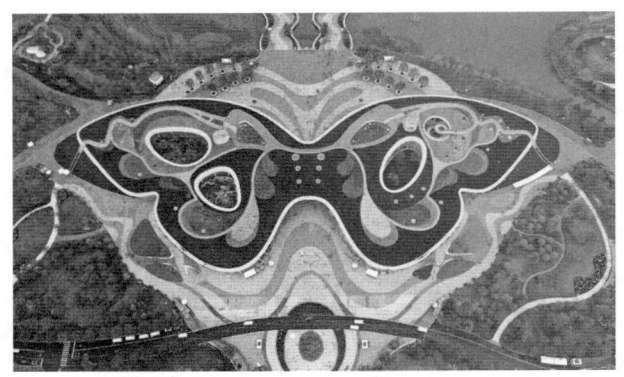

图 8-4　2021 年上海花博会世纪馆用植物营造出绚丽多彩的图案

图 8-5　2021 年上海花博会复兴广场用植物营造出绚丽多彩的图案

（二）姿态美

植物的生长习性决定了它的形状，即植物的树枝、树干、树冠、生长的方向等。乔木的形状有瓶状、柱状、球形等。灌木有柱状、球状和不规则状，地被植物及草本植物构成了叶席状、开展状、地毯状。从个体植物到植物群植，形状上会有很大区别，如图 8-6 所示。

要想取得群集形状及线条的和谐，形状上应有一些重复。在一定内在规律的作用下，重复会创造出一种节奏感，犹如用线穿起织物一样，相似形状与线条结合贯穿于景观设计中，把整个设计整合了起来。需注意的是重复要均衡，要保持公众有节奏的运动而不让其散开，如图 8-7 所示。

图 8-6　乔木的形状

图 8-7　不同姿态植物的造景效果

（三）香味美

植物的花和一些植物的枝、叶、果等有着特有的香味，这些花香和气味可以影响人们的情绪，水仙和荷花的香味使人感情温和；紫罗兰和玫瑰的香味给人一种爽朗、愉快的感觉；柠檬的香味令人兴奋向上；丁香的香味可以使人沉静、轻松，唤起人们美好的回忆。

（四）声响美

不同的花木种群在风、雨、雪的作用下，能发出不同的声响；不同形态和不同类型的叶片相撞相摩，也会发出不同的声响。这类声响，有的萧瑟优美，有的汹涌澎湃，具有不同的韵味，从而产生音乐感。

要使花木产生音乐声响,应该有意识地选择那些叶片经大自然的风雨雪作用,互相撞击后能发出优美声响的树种,而且要有较多的种植数量,这样才能产生较佳的声响效果。例如,古人在造园时,有意识地在亭阁等建筑旁栽种荷花、芭蕉等花木,营造雨滴淅沥的音乐声响,如图8-8所示。这种在屋檐下种植芭蕉营造声响美方式也在现代建筑设计中被使用,如杭州国家版本馆的景观设计中,就在屋檐下种植芭蕉林来营造声响美,如图8-9所示。

图8-8　苏州忠王府屋檐下种植芭蕉树和八角金盘来营造声响美

图8-9　杭州国家版本馆在屋檐下种植芭蕉林营造声响美

(五) 意境美

我国历史悠久,文化灿烂。很多古代诗词及民众习俗中留下了将植物人格化的优美篇章。从欣赏植物景观形态美到意境美,是欣赏水平的升华。这种意境美不但含义深邃，而且达到了天人合一的境界，如图 8-10 所示。

图 8-10　拙政园运用花卉、桥梁、船只营造出的景观——花的海洋

梅，有着自尊自爱、高洁清雅的情操。陆游诗曰"零落成泥碾作尘，只有香如故"；北宋林逋亦曰"疏影横斜水清浅，暗香浮动月黄昏"。二者将梅视为雅致、端庄的景观配置之一。

兰，被认为绿叶幽茂，柔条独秀，无矫揉之态，无媚俗之意。兰香最纯正，幽香清远，馥郁袭衣，堪称清香淡雅。在梅兰竹菊四君子中，兰被认为最雅。

竹，是中国文人最喜爱的植物，被视作有气节的君子。庭园中，"竹径通幽"最为常用。苏东坡有"宁可食无肉，不可居无竹"的名句，可见竹在庭园景观植物配置中的地位。

菊，耐寒霜，晚秋独吐幽芳，有不畏风霜的君子品格。陆游诗曰："菊花如端人，独立凌冰霜……高情守幽贞，大节凛介刚"，可谓"幽贞高雅"。陶渊明诗曰："芳菊开林耀，青松冠岩列。怀此贞秀姿，卓为霜下杰"，更强化其卓然之姿。

荷，被认为"出淤泥而不染，濯清莲而不妖"，是有脱离庸俗而又富有理想、能保持廉洁清正的君子的象征。

二、景观植物的选择原则

（一）符合目的性

1. 突出功能

景观植物的选择应考虑到景观的功能，起到强化和衬托作用，明确以果实和花卉生产为目的，还是以娱乐或者是创造理想的人居环境为目的。例如烈士陵园，要突出其庄严肃穆的气氛,多运用松、柏等常绿、外形整齐的树种以喻流芳百世、万古长青。儿童乐园,可选用姿态优美、花繁叶茂、无毒无刺的花灌木,采用自然式配置方式,营造生动活泼的气氛。对于有遮阳、吸尘、隔音、美化功能的行道树要求选择树冠高大、生长健壮、抗性强的树种。

2. 意境的营造

植物可以烘托气氛,人们从欣赏植物景观形态美到意境美,是欣赏水平的升华。传统的松、竹、梅谓之岁寒三友。松苍劲古雅,不畏霜雪风寒的恶劣环境,具有坚贞不屈、高风亮节的品格。在景观设计中,设计者应利用这些植物的深刻寓意来表达人们一定的思想感情或形容某一意境,如图 8-11 所示。

图 8-11　用植物营造的景观——流动的色彩（一个陶罐被五百里滇池刮来风吹倒,流出"红色液体"）

由此可见,在植物景观设计中,加强对植物美感的研究和运用,对提高植物配置的艺术水平会起到良好的促进作用。

（二）适地适树

适地适树是指因立地条件和小气候而选择相适应的植物进行的绿化。各种植物在生长发育过程中,对光照、温度、水分、空气等环境因子都有不同的要求。在植物景观设计时,首先要满足植物的生态要求,使植物正常生长,并保持一定的稳定性,这就是通常所讲的适地适树。即根据地形条件选择合适的树种,或通过引种驯化或改变立地生长条件,达到适地适树的目的。杭州天目里街区在下沉的天井空间中要满足潮湿和光照不足的地形条件,就要选择喜阴喜湿的植物,如图 8-12 所示。

图 8-12　杭州天目里街区下沉天井空间的植物景观设计

（三）地方特色性

植物景观设计要充分考虑植物的地带性分布规律及特点，尽量选择乡土树种。本地树种最适应当地的自然条件，具有抗性强、耐旱、抗病虫害等特点，同时它们表现了一致的地域性，能够体现地方风格，如图 8-13、图 8-14 所示。

图 8-13　大雁塔后广场温带植物景观

（四）生态性

合理的树种确定之后，还要合理配置。在平面上要有合理的种植密度，使之有足够

图 8-14 三亚旅游景区的热带植物景观

的营养空间和生长空间,从而形成较为稳定的群体结构。植物群落结构的合理性主要包括植物的垂直结构和水平结构。在植物垂直结构——植物群落的形成过程中,光照、温度、湿度、空气成分等因素在群落的不同位置上的量值并不相同。我们在竖向设计上也应考虑植物的生物特性,注意将喜光与耐阴、速生与慢生、深根性与浅根性等不同类型的植物合理地搭配,在满足植物生态条件下创造稳定的植物景观。可利用不同植物种类的生态适应性和相互间的依存关系设置群落结构:阳性喜光的高大乔木利用上层空间,构成林冠线的主体;乔木层的下面是亚乔木层,其叶形、叶色都应有一定的观赏性;亚乔木层下为耐阴的花灌木层;最底层为地被植物,可选配阴性的宿根花卉、草本植物。种内与种间的关系将决定今后是否能生长良好,也就是这一组群丛的稳定性如何,能否数十年、数百年地延续下去。

(五) 生物多样性

营养结构越复杂,生态系统就越稳定。因此,在设计中可以营造多个种组成的生物群落,通过不同生物学特性的植物配置,使之比单一的群落更能有效地利用环境资源、具有更大的稳定性。比如具有复杂群落结构的热带雨林就具有良好的稳定性,而温带的人工纯林,则物种单一,稳定性差,易发生毁灭性灾害。因此,在进行植物景观设计时,设计者宜尽量营造针阔混交风景林,少造或不造纯林,模拟自然群落结构,保持物种的多样性和景观的稳定性。杭州天目里街区选择观干、观叶、观果、观形、观枝的植物,在提供景观多样性的同时,也体现景观的季相变化,如图 8-15 所示。

图 8-15　杭州天目里街区的植物景观

第四节　景观植物种植方式

植物种植方式有成行成列、修剪整齐的规则式和以自然群落为主的自然式。在景观植物配置上虽然形式很多，但都是由以下几种基本组合形式演变而来的。

一、孤植

孤植树主要是表现植物的个体美，在景观功能上有两种，一是单纯作为构图艺术的孤植树，一是作为景观中庇荫和构图艺术相结合的孤植树。孤植树的构图位置应该十分突出，体形特别巨大、树冠轮廓富于变化、树姿优美、开花繁茂、香味浓郁或叶色具有丰富季相变化的树种都可以成为孤植树，例如榕树、珊瑚朴、黄果树、白皮松、银杏、红枫、雪松、香樟、广玉兰等，如图 8-16 所示。

所谓孤植树，并不意味着只能栽一棵树，有时为了构图需要，要增强其雄伟感，也常将两株或三株同一树种的树木紧密地种在一起，形成一个单元，效果如同一株丛生树，也叫孤植树，如图 8-17 所示。

在景观设计中孤植树常布置在大草坪或林中空地的构图重心上，与周围的景点取得均衡和呼应，四周要空旷，要留出一定的视距供游人欣赏，一般最适合的距离为树木高度的四倍左右。孤植树也可以布置在开朗的水边以及可以眺望辽阔远景的高地上。在自然式道路或河岸溪流的转弯处，也常要布置姿态、线条、色彩特别突出的孤植树，以吸引游人继续前进，所以这种孤植树又叫诱导树。另外孤植树也是树丛、树群、草坪的过

图 8-16　一株植物形成的孤植

图 8-17　两株植物形成的孤植

渡树种。

二、对植

凡乔灌木相互呼应栽植在构图轴线两侧的称对植。种植形式有对称种植和非对称种植两种。

对称种植：经常应用在规则式种植构图中，在公园或建筑物进出口两旁均可。街道两侧的行道树是对称种植的延续和发展。

非对称种植：多用在自然式园林进出口两侧以及桥头、石级蹬道、建筑物门口两旁。

对植的最简单形式是用两棵单株乔、灌木分布在构图中轴线两侧。对称种植的树木，必须体型大小相同、树种统一、与对称轴线的垂直距离相等。非对称种植树种也应统一，但体型大小和姿态可以有所差异。与中轴线的垂直距离大者要近，小者要远，才能取得左右均衡；彼此之间要有呼应，顾盼有情，才能求得动势集中。

对植也可以在一侧种植一株大树而另一侧种植同种的两株小树，或者分别在左右两侧种植组合树木，成为近似的两个树丛或树群。

三、丛植

树丛通常由2株到9、10株乔木组成，如果加入灌木，总数最多可以达到15株。树丛的组合既要考虑群体美，也要考虑到在统一构图中表现出单株的个体美，所以选择单株植物的条件与孤植树相似。

树丛在功能和布置要求上与孤植树基本相似，但其观赏效果远比孤植树更为突出。纯观赏性或诱导性树丛可以用两种以上的乔木搭配栽植，或乔灌木混合配置，亦可同山石花卉相结合。庇荫用的树丛，通常以树种相同、树冠开展的高大乔木为宜，一般不与灌木配合。树丛下面还可以放置自然山石，或安置座椅供游人休息之用。栽植标高，要高出四周的草坪或道路，呈缓坡状，利于排水，同时构图上也显得突出，配置的基本形式如下：

（一）两株配合

在构图上不外乎是矛盾统一的原理，两株树必须既有调和又有对比，成为对立的统一体。因此两株配合，首先必须有通相，即采用同一树种（或外形十分相似的树种），才能使两者统一起来；但又必须有其殊相，即在姿态和大小上应有差异，才能既有对比，又生动活泼。两株间的距离应该小于两树冠半径之和，大于此距离则容易形成分离现象，即不构成树丛了。

（二）三株配合

三株配合最好采用姿态大小有差异的同一种树，栽植时忌三株在同一直线上或成等边三角形。三株的距离都不要相等，其中最大的和最小的要靠近成为一组，中间大小的远离一些成为一组，两组之间彼此应有所呼应，使构图不致分割。如果采用两个不同树种，最好同为常绿，或同为落叶，或同为乔木，或同为灌木，其中大的和中的为一种，小的为另一种，这样就可以使两个小组既有变化又有统一。

（三）四株配合

四株配合仍然以采用姿态、大小不同的同树种为宜，应分为两组，成为3：1的组合，最大株和最小株都不能单独成为一组，其基本平面形式为不等边四边形或不等边三角形两种。

（四）五株树丛的组合

五株配合可以是一个树种或两个树种，分成3：2或4：1两组。若为两个树种，其中一种为三株而另一种为两株，分在两个组内；三株一组的组合原则与三株树丛的组合相同；两株一组的组合原则与两株树丛的组合相同，但是两组之间距离不能太远，彼此之间也要有所呼应和均衡。

（五）六株以上的组合

六株实系二株、三株、四株、五株几种基本形式相互组合而已，故《芥子园画传》中有"五株既熟，则千株万株可以类推，交搭巧妙，在此转关"之说。其基本关键仍在调和中要求对比差异，差异太大时又要求调和。

四、列植

列植也称带植，是成行、成带栽植景观植物的形式。多应用于街道、公路两侧或规则式广场的周围。如果做景观的背景或隔离措施，一般宜密植，形成树屏，如图8-18所示。

五、群植

树群可分为单纯树群和混交树群两类。多数（20~30株）乔木或灌木混合栽植的称树群。树群主要是表现群体美，因此对单株要求并不严格。但是组成树群的每株树木，在群体外貌上起一定作用，要能为观赏者看到，所以规模不可过大，一般长度不大于60m，长宽比不大于3：1，树种不宜过多，多则容易显得杂乱。

树群在景观功能和布置要求上与树丛和孤植树类同，不同之处是树群属于多层结构，水平郁闭度大，林内潮湿，不便于游人入内休息，只有在靠近园路或庇荫广场的一侧，可种植具有开展树冠的大乔木，供游人庇荫休息之用，如图8-19所示。

图 8-18 列植的植物景观

图 8-19 群植

六、树林

　　森林是大量树木的总体。它不仅数量多、面积大，而且具有一定的密度和群落外貌，对周围环境有着明显的影响。为了保护环境、美化城市，除市区内需要充分绿化外，在城市郊区开辟森林公园、休疗养区，也都需要栽植具有森林景观的大面积绿地，常称树林。这与一般所说的森林概念有所不同，因为这些林地从数量到规模，一般不能与森林相比,还要考虑艺术布局来满足游人的需要,所以较恰当的说法是风景林。风景林可粗略地分为密林和疏林两种。疏林郁闭度为 0.4~0.6,常与草地相结合,又称疏林草地。密林郁闭度为 0.7~0.8,林下多为耐阴植物。

七、植篱

凡是以景观植物成行列式紧密种植,组成边界用的篱笆、树墙和栅栏常称植篱。其功能具有组织空间、防止灰尘、吸收噪声、防风遮阴、充当雕塑等,还可以作为景观小品、喷泉、花坛的背景,如图 8-20、图 8-21 所示。

图 8-20　常州一江风华居住区道路旁的植篱设计

图 8-21　常州一江风华居住区草坪周边的植篱设计

八、乔木与灌木

乔木和灌木都是直立的木本植物，在景观综合功能中作用显著。乔木和灌木通常居于主导地位，在绿地中所占比重较大，是景观植物种植中最基本和最重要的组成部分，是景观绿化的骨架。

乔木和灌木之间有显著差别。乔木树冠高大，寿命较长，树冠占据的空间大，树干占据的空间小，因此不大妨碍人们在树下的活动，乔木的形体、姿态富有变化，枝叶的分布比较空透，在改善小气候和环境卫生方面有显著作用，特别是有很好的遮阴效果；在造景上对乔木的运用也是多种多样、丰富多彩的，从郁郁葱葱的林海、优美的树丛，到千姿百态的孤立树，都能形成美丽的风景画面。在景观中，乔木既可以成为主景，也可以组织空间和分离空间，还可以起到增加空间层次和屏障视线的作用。因乔木有高大的树冠和庞大的根系，故一般要求种植地点有较大的空间和较深厚的土壤。

灌木树冠矮小，多呈丛生状，寿命较短，树冠虽然占据空间不大，但正是人们活动的空间范围，因此较乔木对人的活动影响更大。灌木枝叶浓密丰满，常具有鲜艳美丽的花朵和果实，形体和姿态也有很多变化；在防尘、防风沙、护坡和防止水土流失方面有显著作用，并可做地面掩护的伪装；在造景方面，可以增加树木在高低层次方面的变化，可作为乔木的陪衬，也可以突出表现灌木在花、果、叶观赏上的效果；灌木也可用来组织和分隔较小的空间，阻拦较低的视线；灌木，尤其是耐阴的灌木，常与大乔木、小乔木和地被植物配合起来造景。

无论是乔木、灌木还是花卉，都可以采用自然的和规整的造景手法。自然式的造景，我们在前文已经详细讲述；而规则式的造景手法，可以是将植物成行成列地栽植或者将其修剪整齐的栽植方式，例如植篱。

九、花卉及垂直绿化

在景观设计中，常用各种花卉创造形形色色的花池、花坛、花境、花台、花箱等。由草皮、花卉等组成的具有一定图案画面的地块称为花池。外部平面轮廓具有一定几何形状，种以各种低矮的观赏植物，配植成各种图案的花池称为花坛。花境是介于规则式和自然式构图之间的一种长形花带，从平面布置来说，它是规则的；从内部植物栽植来说，它是自然的。花台是在空心台座中填土并栽植观赏植物。用木、竹、瓷、塑料等制造的、专供花灌木或草本花卉栽植使用的箱，称为花箱。

垂直绿化就是利用攀援植物在墙面、阳台、花棚架、庭廊、山坡、崖壁等处进行绿化。由于攀援植物依附建筑物或构筑物生长，所以占地面积少而景观效果却很好，如图8-22所示。

图 8-22　南京老门东历史街区的垂直绿化

思考题

1. 景观植物有哪些类型？
2. 景观植物有哪些功能作用？
3. 景观植物的观赏特性有哪些？
4. 景观植物的选择原则是什么？
5. 景观植物有哪些种植方式？

第九章 景观建筑与小品的规划设计

第一节 景观建筑与小品的规划设计要素

景观建筑与小品都是景观的重要组成部分，各具特色。规划时要根据各自特色合理选用，避免散、乱、小的弊端，使其有机配合，构成群体组合，从而发挥综合功能。为此，在规划设计时应充分考虑以下几个方面的因素。

一、立意

立意的好坏对整个设计的成败至关重要。一个优秀的设计不仅要有精美的外观形式，还要有深刻的内涵，要表达出一定的意境和情趣，才能成为耐人寻味的作品。景观建筑与小品的创造性还在于设计者如何利用和改造环境条件，如绿化、水源、山石、地形、气候等，从总体空间布局到细部都要处理细致，才能达到"景到随机，因境而成，得意随形"的境界。

二、体量

景观建筑与小品的规划作为景观之陪衬，力求精巧，应仔细推敲它们的比例和尺度，不可失去分寸，喧宾夺主。恰当的尺度应和功能、审美的要求相一致，并和环境相协调。首先，注意功能要求。如栏杆、踏步、桌椅等根据使用功能要求，尺寸一般保持不变，但若是安放在儿童乐园或游乐场，主要使用者为儿童，则要减小其体量。然后要注重营造气氛。景观与小品是人们休憩、游乐、赏景的场所，空间环境的各项组景内容一般应生动有趣、轻松自然，所以尺度需符合人体舒适度。一般通过适当缩小构件的尺寸来取得理想的尺度。其三，要注意所处的环境，在不同大小的景观空间中，应有相应的尺度要求。如景观灯具，在大型集散广场中，应选照明强度大、造型恢宏的灯具，以求明灯高照的效果。而在小庭院、小林荫曲径之旁，选用小巧精致的庭院灯、草坪灯即可。景观建筑与小品的体量除了要推敲建筑本身各组成部分的尺寸和相互关系外，还要考虑空间环境中其他要素（如景石、池沼、树木等）的影响。室外空间的大小也要处理得当，太空旷或闭塞都不得体。

三、布局

有了好的组景立意和得当的体量，还必须有好的布局，否则构图零乱无章，不可能成为佳作。布局是景观建筑与小品规划设计方法和技巧的中心问题。其内容广泛，从总体规划到局部设计的处理都会涉及。以下简述几个比较重要的布局原则。

（一）总体布局统一，构图分区组景

对于规模较大的景观区域，须从总体上根据功能、地形条件，把统一的空间划分成若干各具特色的景观区域来处理，做到主次分明，有节奏和韵律感，以取得和谐统一。

（二）满足使用功能的需要

景观建筑与小品的布局首先要满足功能要求，包括使用、交通、用地及景观要求等，需综合考虑。例如，餐厅、厕所等服务性建筑要选择交通方便，易于发现的地方，但又不能占据景区内主要景观的位置；景观管理类建筑不为游人直接使用，一般布置在僻静处，设有单独出入口，同时考虑管理方便；亭、廊、榭、舫等应选择环境优美、有景可赏并能控制和装点风景的地方。

（三）实用性和观赏性在具体布局时应有所侧重

对于有明显游览观赏要求的景观建筑与小品，如亭、榭、舫等，要优先考虑其游赏需要；对于景观管理类建筑等有明显使用功能要求的建筑，应重视其功能性；对于既有使用功能要求，又有游赏要求的，如茶室、餐厅、展览室等，则应在满足功能要求的前提下，尽可能创造优美的游览观赏环境。

（四）讲究空间渗透与序列

景观建筑与小品布局是为了获得空间的变化，使之不致一览无余，常利用门、窗、洞口、空廊等"景框"手段作为相邻空间的联系媒介，使空间彼此渗透，增添空间层次。此外室内外空间也可互相渗透，可以把室外空间引入室内，或者把室内空间扩大到室外，使景观与建筑和小品能交相穿插融合成为有机的整体。

景观建筑与小品的空间序列通常分为规则对称和自由不对称两种空间形式。前者多用于庄重严肃的建筑组群；后者多用于功能和艺术意境轻松愉快的建筑组群。规则与自

由、对称与不对称的应用在设计中是相对的，由于建筑功能和艺术意境的多样性，这两种建筑组群空间布局形式往往混合使用，或在整体上采取规则对称的形式，而在局部细节处改用自由不对称的形式。

四、特色

景观建筑与小品应具有独特的格调，切忌生搬硬套。目前，随着工业化的发展，许多景观建筑与小品（如景观灯具、景观座椅等）都是采用成品，如果不因地制宜，巧妙构思，就容易千篇一律。景观建筑与小品应该是艺术品，而不是流水线上的商品。景观建筑与小品应该有自己的地方特色、景观环境特色及单体的工艺特色，才能耐人寻味、意境深远。

五、与自然的和谐

作为景观小品，人工雕琢之处是难以避免的，而将人工与自然浑然一体，则是设计者们的匠心之处。从材料、色彩到外形尺寸以及放置位置，都要注意精巧、适宜、雅致，建筑物与环境中的水体、植物、山石等应浑然一体。如在自然风景中，古木巨树之下，以树根造型的坐凳与树林浑然天成，断根树桩远观足以以假乱真极富自然之趣。倘若在现代景观中置入以天然山石打造的山石桌椅，即使做工再精细、造型再讲究，仍显不伦不类。

六、色彩与质感

景观建筑与小品的色彩与质感处理得当，景观空间才能有强有力的艺术感染力。形、声、色、香是景观艺术意境中的重要因素，而景观建筑与小品的主要特征更多表现在形和色上。我国南方建筑风格体态轻盈、色彩淡雅；北方则造型浑厚、色泽华丽。随着现代景观新材料、新技术的运用，景观风格更趋于多姿多彩、简洁明丽，富于表现力。

色彩与质感是景观材料表现上的双重属性，只要善于去发现各种材料在色彩、质感上的特点，并利用它去组织节奏、韵律、对比、均衡、层次等各种构图变化，就可以获得良好的艺术效果。

第二节　景观建筑设计

景观建筑个体名目很多，如亭、廊、榭、舫、厅、堂、楼、阁、殿、斋、馆、轩、门、室、墙、塔、关、桥等，在今天很多名称的含义已经发生了变化，或并不像从前那样明确了。如斋、轩、馆、室都可用来称呼一些次要的建筑。本节拟就景观建筑个体中比较典型的亭、廊、榭、舫、塔、桥六种常见景观建筑进行阐述。如果我们把整个景观作为一个"面"来看，那么亭、榭、轩、馆等建筑物在景观中可视作"点"，而廊、墙这类建筑则可视作"线"。塔和桥在俯视的时候可能只是一个圆点或者连接两岸的节点，但是在平视的时候，塔可能是一条垂线，长桥也可以是一条线。景观正是通过这些"线"的联络，把各分散的"点"连成一个有机整体。下面主要介绍亭、廊、榭、舫、塔、桥六种常见景观建筑的设计。

一、亭

（一）亭的特点

亭是景观绿地中最多见的停留、聚集、观景、休息、遮阳、避雨的点景建筑。亭一方面可点缀景色、构成景观，另一方面是游人休息、遮阳避雨、观景的场所。亭的空间特征注重人与环境的融合，可以单独成景，也可以与花架、景墙、座凳、植物等组合成景。

（二）亭的类型

亭的造型多样，常见的类型有：从亭子的平面形状来看有圆亭、方亭、三角亭、五角亭、六角亭、扇亭等；从屋顶形式分有单檐、重檐、三重檐、攒尖顶、硬山顶、歇山顶、卷棚顶等；从布设位置分有山亭、半山亭、水亭、桥亭以及靠墙的半亭，在廊间的廊亭，在路中的路亭等。亭在现代景观中出现的频率很高，随着时代而不断地变化发展，如图9-1~图9-2所示。

1. 三角亭

三角亭只有三根支柱，体积特别小，因而显得最为轻巧，主要是起点缀作用，近年来新建风景点采用较多。

2. 方形、五角形、六角形、八角形亭

方形、五角形、六角形、八角形亭是最常见的亭式。它们形态端庄均衡，可独立设置，也可与廊道结合在一起。亭与廊结合往往采用重檐形式，如我国皇家园林中的亭多用重檐亭。

图 9-1　浦口公园的景观亭

图 9-2　南京信息工程大学的塔亭

3. 合式亭

合式亭组合有两种方式：一种是两个或两个以上相同形体进行组合；另一种是一主体与若干个附体的组合。不论哪种组合式，都是为追求最美、最和谐的整体。如拙政园里的亭子组合，形成一个层次分明、体型多变的建筑群体。

4. 圆亭

古典式的圆亭多具有斗拱、挂落、雀替等装饰。圆亭的造型美，全在于体型轮廓美，有单个或组合型。

(三) 亭的位置选择

亭子位置的选择，一方面是为了供游人驻足休息、观景；另一方面是为了点景，即点缀风景。既要做到建亭之处有景可赏，又要做到亭的位置与环境协调统一。有的依山而建，宜于远眺，也丰富了山体轮廓，使山色更有生气，也为人们观望山景提供了合宜的尺度。有的临水设亭，观赏水面景色的同时也丰富了水景效果。有的在路边或路中筑亭，平地而起，供户外活动之用，也作为一种标志和点缀。

二、廊

(一) 廊的特点

廊是指屋檐下的过道、房屋内的通道或独立有顶的通道。廊一方面可以划分景观空间，另一方面又成为空间联系的一个重要手段。它通常布置在两个建筑物或两个观赏点之间，具有遮风避雨、联系交通的实用功能。廊是一种"虚的建筑，两排细细的列柱顶着一个不太厚实的廊顶"。在廊子的一边可透过柱子之间的空间观赏到廊子另一边的景色，像一层"帘子"，似隔非隔，若隐若现，把廊子两边的空间有机地联系起来，起到一般建筑物达不到的效果，如图9-3~图9-5所示。因此，廊通常布置在两个建筑物或两个观赏点之间，成为空间联系和空间划分的一个重要手段。

图9-3　浦口火车站站前雨廊

(二) 廊的类型

廊的类型，按照廊的位置可分为平地廊、水上廊、爬山廊。按空间形态可分为双面

图 9-4　南京新棠路的景观长廊

图 9-5　南京江北新区文化与创新中心异形廊架

空廊、单面空廊、复廊和双层廊四种；按廊的艺术造型及其与环境的关系可分为直廊、曲廊、回廊、抄手廊、爬山廊、叠落廊、水廊、桥廊等；按结构及材料可分为木结构、砖石结构、钢筋混凝土结构、竹结构等；根据廊的顶部形式又分为坡顶、平顶和拱顶等。

1. 双面空廊

双面空廊的两侧均为列柱，没有实墙，在廊中可以观赏两面景色。双面空廊不论直廊、曲廊、回廊、抄手廊等都可采用，也不论在风景层次深远的大空间中，或在曲折灵巧的小空间中都可运用。

2. 单面空廊

单面空廊有两种：一种是在双面空廊的一侧列柱间砌上实墙或半实墙而成；一种是一侧完全贴在墙或建筑物边沿上。廊子的前面透空，仅在下端设低矮的竖杆横栏，而廊的后面则是墙壁，墙壁部分既可镂出各种形状的漏窗，甚至小门，供游人观赏外面的水光山色，构成一幅幅三维画面，也可在墙壁上绘出花鸟虫鱼、山水人物，乃至历史故事供人欣赏。

3. 复廊

在双面空廊的中间夹一道墙，就成了复廊，又称"里外廊"。因为廊内分成两条走道，所以廊的跨度大些。中间墙上开有各种式样的漏窗，从廊的一边透过漏窗可以看到廊的另一边景色，如苏州沧浪亭的复廊就是一例。

4. 双层廊

上下两层的廊是双层廊，又称"楼廊"。楼廊提供了在上、下两层不同高度的廊中观赏景色的条件，有时，也便于联系不同标高的建筑物或风景点，以组织人流；同时，由于它富有层次上的变化，也有助于丰富园林建筑的轮廓，依山、傍水、平地上均可建造。

（三）廊的位置选择

在景观中的小空间或小型景观区域中建廊，常沿界墙及附属建筑物以"占边"的形式布置。可建在庭院的一面、二面、三面和四面。在廊、墙、房等围绕起来的庭园中部组景，易于形成四面环绕的向心式布置格局，以争取中心庭园的较大空间并形成兴趣中心。在水边或水上建的廊，一般被称为水廊，供欣赏水景及联系水上建筑之用，形成以水景为主的空间。

三、榭

榭是凭借风景而形成的，或在水边，或在花旁，形式灵活多变。现在，我们一般把"榭"看作一种临水的建筑物，所以也称"水榭"。它的基本形式是在水边架起一个平台，平台一半伸入水中，一半架立于岸边，平面四周以低平的栏杆相围绕，然后在平台上建起一个木构的单体建筑物，其临水一侧特别开敞，成为人们在水边的一个重要休息场所。榭是凭借周围景色构成的，它的结构依照自然环境的不同可以有各种形式，如水池边的可称水榭，赏花的则可称花榭等，如图9-6~图9-8所示。

四、舫

舫是依照船的造型在景观湖泊中建造起来的一种船形建筑物，亦名"不系舟"。如苏州拙政园的"香洲"。一般分为船头、中舱、尾舱三部分。船头做成敞棚，供赏景用。中舱最矮，是主要的休息、宴饮场所，舱的两侧开长窗，坐着观赏时可有宽广的视野。

图 9-6　林散之纪念馆的水榭——爱雨轩

图 9-7　四方当代美术馆水榭

图 9-8　龙池公园的水榭

后部尾舱最高，一般为两层，下实上虚，上层状似楼阁，四面开窗以便远眺。舫可供人们在内游玩饮宴，观赏水景，身临其中，颇有乘船荡漾于水中之感，如图9-9所示。

图9-9 珍珠泉旅游度假区的舫

五、塔

塔作为佛教建筑的重要组成部分，起源于印度，主要用来珍藏舍利和经卷。两汉之际，随着佛教开始传入中原地区，与我国的重楼建筑结合后，塔得到了大力发展，经历了唐、宋、元、明、清等各个时期的创新与发展，逐渐形成功能多样、形态各异、材质多元的一种建筑类型。伴随着佛教在我国的广泛发展，塔的造型也由宗教建筑转变为景观建筑，并结合景观建设的需要，在材质、造型、尺度、功能等方面得到大力发展。在环境空间设计中，用塔营造景观的历史也十分悠久，一些瞭望塔、灯塔、电视塔等景观塔也成为一个地方、一座城市，乃至一个国家的标志，如上海的东方明珠塔、广州的新电视塔等，法国巴黎的埃菲尔铁塔、马来西亚吉隆坡的石油双塔、阿拉伯联合酋长国迪拜市的哈利法塔还成了所在国家的重要标志。"景观塔指以相对小的平面建筑面积，大体相同的空间叠加起来，以高耸的建筑形态作为区域景观标志作用的构筑物。"① 在当今的景观设计中，也常用钢材、玻璃等新材料建材塔造景，并配合迷人的灯光成为所在园区的标志性景观，如图9-10、图9-11所示。

南京信息工程大学的长望塔最初是一座多普勒雷达天线塔，在半个多世纪的风雨洗礼中坚守观测岗位。2009年，"退休"的多普勒雷达由"探测员"变成了新中国气象事业发展的"见证人"。涂长望作为新中国气象事业的奠基者、军委气象局（1949年成立，1953年改组为中央气象局，即今中国气象局前身）首任局长，南京气象学院（今南京信息工程大学）的主要筹建者，此塔镌刻着涂长望毕生对气象事业的卓越贡献。为纪念其成就，天线塔被命名为"长望塔"。

---

① 隗丽. 景观塔设计研究：以安庆景观塔设计为例[D]. 武汉：华中科技大学，2007：2.

图 9-10　江苏园博园南京园的高塔　　图 9-11　南京浦口公园灯塔——光之舞

如今长望塔是学校标志性建筑之一，不仅见证了学校和气象事业发展的风雨历程，也一定会见证南京信息工程大学更加辉煌的未来，如图 9-12 所示。

图 9-12　南京信息工程大学长望塔

六、桥

景观桥的本质是跨越，大多是跨越在水面上，也有跨越在峡谷、铁路等上空。在景观设计中,通过对周围环境要素的整体考虑和设计,使得桥梁与自然环境产生呼应关系,从而形成更方便、更舒适、更具美感构成的景观桥梁,如图 9-13 所示。景观桥梁应该具有以下基本特征:第一,经济性,符合坚固、适用、便捷、舒适的设计原则;第二,功能性,满足基本的跨越和通行功能;第三,美学性,在色彩、结构、形式上具有美感,并与环境协调统一;第四,文化性,承载人文景观,体现历史文化和地域特色,具有象征意义。

图 9-13 南京文石公园景观桥梁——文渊桥

桥梁也会和廊结合起来设计,从而形成廊桥景观,如图 9-14 所示。桥梁巨大的跨度、强烈的形体表现力、超凡的尺度均对景观的参观体验和管理维护产生较大的影响,往往成为景区的标志物,并起到画龙点睛的效果作用,如图 9-15~图 9-17 所示。

图 9-14 南京珍珠泉旅游度假区廊桥景观

图 9-15　滁河湾湿地公园吊桥景观

图 9-16　青奥公园景观桥

图 9-17　南京横江大道人行天桥景观

第三节　景观小品设计

一、景观小品个体设计

景观小品在景观环境中表现种类较多,具体包括构架、雕塑、壁画、座椅、电话亭、指示牌、灯具、垃圾箱、健身设施、游戏设施、建筑门窗装饰、栏杆等。

(一) 构架

景观小品中的构架在景观设计中往往具有亭、廊的作用,可以像游廊一样形成导游路线,也可以用来划分空间,增加风景的深度。作点状布置时,就像亭子一样,形成观赏点。在棚架旁边种植攀缘植物便形成花架,具有消夏、遮阴的作用。花架在景观设计中往往具有亭、廊的作用,作长线布置时,就像游廊一样能发挥空间的脉络作用,如图9-18所示。在花架设计的过程中,应注意环境与土壤条件,使其适应植物的生长要求。

图 9-18　南京莉湖公园的景观廊

(二) 雕塑小品与装置艺术

雕塑是指用传统的雕塑手法,在石、木、泥、金属等材料上直接创作,反映历史文化和思想追求的艺术品。雕塑分为圆雕、浮雕和透雕三种基本形式,现代艺术中出现了四维雕塑、五维雕塑、声光雕塑、动态雕塑和软雕塑等。在景观设计中,将日常生活中的物质文化实体进行选择、利用、改造、组合,以令其演绎出新的精神文化意蕴的艺术形态,如图9-19所示。装置艺术是"场地+材料+情感"的综合展示艺术,在景观设计中,将日常生活中的物质文化实体进行选择、利用、改造、组合,可以使其演绎出新的精神文化意蕴的艺术形态。在人手一部智能手机的今天,很多装置艺术也常常和其他媒体融合,通过媒介的拓展丰富其文化内涵。在音乐主题的柱阵广场上,通过二维码的展示可以让参观者扫码后欣赏相应的音乐,从而凸显其音乐文化主题,如图9-20所示。

(三) 座椅

座椅是景观环境中最常见的室外家具种类,为游人提供休息和交流。设计时,路边的座椅应离开路面一段距离,避开人流,形成休息的半开放空间。景观节点的座椅实施

图 9-19　南京棠城广场《六合同春》雕塑

图 9-20　音乐主题的柱阵广场

设置应设置在面对景色的位置，让游人休息的时候有景可观。

（四）指示牌

由于指示牌多设置在室外，在功能上需要防水、防晒、防腐蚀，所以在材料上多采用不锈钢、防水木、石材等，如图 9-21 所示。

图 9-21　佛手湖郊野公园入口标识景观

(五) 灯具

灯具也是景观环境中常用的室外家具,主要是为了方便游人夜行,点亮夜晚,渲染景观效果。灯具种类很多,分为路灯、草坪灯、水下灯以及各种装饰灯具和照明器,如图 9-22、图 9-23 所示。

图 9-22　佛手湖郊野公园灯具

(六) 垃圾箱

垃圾箱是环境中不可缺少的景观设施,是保护环境、清洁卫生的有效措施。垃圾箱的设计在功能上要注意区分垃圾类型,有效回收可利用垃圾,在形态上要注意与环境协

图 9-23　龙池公园照明设施

调,并利于投放垃圾和防止气味外溢。

(七) 健身设施和游戏设施

健身设施是能够通过动作锻炼身体各个部分的健身器械,健身设施一般为 12 岁以上儿童以及成年人所设置。在设计时要考虑成年人和儿童的不同身体和动作基本尺寸要求,考虑结构和材料的安全性。游戏设施一般为 12 岁以下的儿童所设置,需要家长引导。游戏设施较为多见的有:秋千、滑梯、沙场、爬杆、爬梯、绳具、转盘、跷跷板等,如图 9-24、图 9-25 所示。

图 9-24　浦口公园儿童游乐设施

图 9-25　启龙亲江乐园儿童游乐设施

（八）门洞与窗洞

景观中的景墙、门洞、空窗、漏窗是作为游人向导、通行、景观的设施，也具有景观小品的审美特点，如图 9-26、图 9-27 所示。在设计时，门洞与窗洞的材料可就地取材，直接采用茅草、藤、竹、木等较为朴素的自然材料。

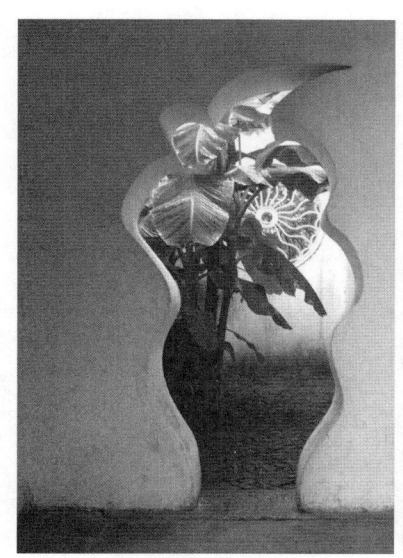

图 9-26　沧浪亭的门洞

图 9-27　沧浪亭的漏窗

(九) 栏杆

景观小品中的栏杆在起到防护作用外,还可用于分隔不同活动内容的空间,划分活动范围以及组织人流,丰富景致。作为维护的栏杆常设在地形变化之处,人流集散的分界,如水边、道路等的周边。而主要作为分隔空间的栏杆,常设在活动分区的周边,绿地周围等。在花坛、草地、树池的周围,常应设装饰性很强的花边栏杆,以点缀环境。栏杆的造型要力求与环境统一、协调,以其优美造型来衬托环境,渲染气氛,加强景致的表现力。而栏杆的高度也要因地制宜,要考虑功能的要求。作为围护栏杆,一般高度为 0.9~1.2m,分隔空间用的低栏杆高度一般为 0.6~0.8m。草坪、花坛、树池周围常设置镶边栏杆,其高度为 0.2~0.4m。制作栏杆常用的材料有石料、钢筋混凝土、铁、砖、木料等。

二、景观小品的规划设计原则

景观小品在规划设计过程中所遵循的原则,主要有以下几个方面:

(一) 功能性原则

景观小品在设计中要考虑到功能因素,无论是在实用上还是在精神上,都要满足人们的需求,要以人为本,满足各种人群的需求,尤其是残疾人和弱势群体的特殊需求,体现人文关怀。

(二) 个性特色原则

景观小品设计必须具有独特的个性,景观小品是对它所处的区域环境的历史文化和时代特色的反映,吸取当地的艺术语言符号,采用当地的材料和制作工艺,产生具有一定的本土意识的景观艺术品设计。苏州博物馆的景观灯具设计,吸取建筑的结构和造型元素,设计出极具博物馆特色的景观小品,如图 9-28 所示。

(三) 生态原则

景观设计时,一方面要节约能源和资源,采用可再生能源和材料来制作景观小品,另一方面要在设计思想上引导和加强人们的生态保护观念。景观用灯尽量采用风能和太阳能发电灯具,如上海杨浦滨江的雕塑就采用节能的 LED 灯管和可循环使用 U 型钢来实现其生态原则,如图 9-29 所示。

图 9-28 苏州博物馆景观灯具设计

图 9-29 上海杨浦滨江的景观雕塑设计

(四) 情感归宿原则

景观小品不仅带给人视觉上的美感,而且更具有意味深长的意义。好的景观小品注重地方传统,强调历史文脉包含了记忆、想象、体验和价值等因素,常常能够形成独特的、引人神往的意境,使观者产生美好的联想,成为景观建设中的一个情感节点。上海杨浦滨江的《星光能量站》雕塑,以五角星和线条为核心元素,采用金属锻造工艺,并配合 LED 灯管、氛围灯的使用,在塑造该地老工业基地的情感价值的同时,激励着观众在未来的发展中不断探索、不断创新,如图 9-30 所示。

图 9-30　上海杨浦滨江的《星光能量站》雕塑

思考题

1. 景观建筑与小品的设计要素有哪些？
2. 景观建筑设计的原则是什么？
3. 景观小品设计的原则是什么？

参 考 文 献

[1] 任海澜. 景观设计 [M]. 北京：清华大学出版社，2015.

[2] 李梦玲. 景观设计 [M]. 北京：清华大学出版社，2021.

[3] 刘丰果，张建羽，海潮. 景观规划设计 [M]. 北京：中国民族摄影艺术出版社，2012.

[4] 窦小敏. 园林植物景观设计 [M]. 北京：清华大学出版社，2019.

[5] 谢云，胡牮. 园林植物景观规划设计 [M]. 武汉：华中科技大学出版社，2014.

[6] 尹赛，邰杰，赵玉凤. 景观设计原理 [M]. 北京：中国建筑工业出版社，2018.

[7] 胡华中，卢春辰. 居住区景观设计 [M]. 北京：北京大学出版社，2020.

[8] 裘江，由晗雪，王建斌，等. 国内景观生态格局领域研究进展及发展趋势：基于 CiteSpace 的计量分析 [J]. 安徽建筑，2025，32（2）：17-20.

[9] 沈玉仙，郭珊珊，史源. 小城镇滨河景观的在地性研究：以阜宁串场河生态廊道建设为例 [J]. 中国园林，2024（A2）：75-78.

[10] 成玉宁，曹逸伦，方煜昊. 人居生态景观环境构建的逻辑与智慧 [J]. 中国园林，2024，40（12）：50-55.

[11] 申佳可，李烨，王云才. 基于生态感知的景观生态格局构建新思路与实施框架 [J]. 中国园林，2024，40（12）：63-69.

[12] 覃伟，胡牮. 游客感知视阈下城市滨水带植物景观效益评价 [J]. 中南林业科技大学学报，2025，45（1）：191-200.